Sudip Dogra

Conceção e implementação de aplicações inovadoras baseadas em RFID

Sudip Dogra

Conceção e implementação de aplicações inovadoras baseadas em RFID

ScienciaScripts

Imprint

Cover image: www.ingimage.com

This book is a translation from the original published under ISBN 978-620-7-46880-5.

Publisher:
Sciencia Scripts
is a trademark of
Dodo Books Indian Ocean Ltd. and OmniScriptum S.R.L publishing group

120 High Road, East Finchley, London, N2 9ED, United Kingdom
Str. Armeneasca 28/1, office 1, Chisinau MD-2012, Republic of Moldova, Europe
Printed at: see last page
ISBN: 978-620-7-94913-7

Conteúdo

Dedicado
aos meus pais
e
à
minha mulher

Capítulo I

1.1 Introdução

A tecnologia RFID tem mostrado uma utilidade notável na indústria de controlo de estacionamento nos últimos anos. Todos os tipos de veículos, como carros, camiões e até empilhadores em ambientes de armazém, podem ser etiquetados com etiquetas/transmissores RFID. Quando um carro se aproxima de uma área restrita ou de um parque de estacionamento, um leitor RFID no local acede à etiqueta. Se o veículo já estiver registado, possuir saldo suficiente e houver espaço dentro da área de estacionamento, o portão abre-se e é autorizada a passagem.

As soluções de estacionamento oferecem vantagens em termos de custos e de tempo aos gestores de parques de estacionamento. As soluções de estacionamento baseadas na tecnologia RFID oferecem soluções de sistemas de controlo de acesso ao estacionamento automatizados e sem vigilância. As soluções de estacionamento facilitam o estacionamento em hospitais, universidades, condomínios fechados, empresas, parques de estacionamento no centro da cidade e estacionamento de segurança em aeroportos.

Os veículos podem mover-se sem problemas através de entradas controladas, e mais clientes podem ser acomodados, aumentando assim as receitas. O sistema de leitores e etiquetas da Parking Solution está em conformidade com os sistemas de controlo de acesso e segurança existentes e é fácil de instalar, operar e manter. As etiquetas RFID estabelecem o método mais adequado para todos os tipos de implementações porque podem ser usadas em toda a área local do condutor, em lavagens de carros, arenas desportivas, em instalações de estacionamento de empregadores, em estradas com portagem e muito mais. Algumas das vantagens desta solução de estacionamento são

- Reduz o manuseamento de dinheiro e simplifica as operações de back-office
- Sistema escalável para se adaptar às necessidades actuais e futuras
- Captura automática de dados e relatórios pormenorizados
- Melhora o serviço ao cliente
- Declarações pormenorizadas

As nossas soluções de estacionamento têm um único programa principal. É utilizado para gerir o sistema de soluções de estacionamento e integrar-se totalmente na gestão do controlo de acesso, ou seja, no SGBD. O sistema Parking Solutions é utilizado para a monitorização em tempo real e o controlo automático dos portões. O sistema é desenvolvido com a tecnologia Microsoft .Net. Baseia-se no modelo cliente-servidor e pode ser instalado em vários computadores ligados ao servidor Microsoft SQL. Para um modelo de grande escala, o controlador principal é ligado ao computador via Ethernet, mesmo num local remoto VPN. Se tiver o seu próprio servidor SQL, pode optar por ligá-lo durante a configuração da base de dados. Se não tiver um, o disco de instalação fornece a licença gratuita do Microsoft SQL 2008 Express e do Microsoft SQL Management Studio 2008 para sistemas de 32 e 64 bits, que pode ser instalado num PC autónomo e executado.

1.2 Caraterísticas

1.2.1 Gestão multi-computador

As soluções de estacionamento podem ser instaladas em vários computadores para gerir o proprietário, o veículo, o direito de acesso, visualizar as transacções e monitorizar em tempo real. O número de computadores depende da licença do servidor Microsoft SQL.

1.2.2 Gestão fácil

Um automóvel pode ser incluído se o proprietário tiver um lugar de estacionamento disponível com um automóvel registado.

1.2.3 Controlo fácil

Pode ser instalado um programa separado num computador para monitorização em tempo real. O programa mostra o estado do portão de entrada e saída, as informações sobre o carro e o proprietário.

1.2.4 Relatório de transação

Quando o veículo tenta sair, é emitida uma fatura impressa, que é igualmente armazenada internamente no sistema. Todo o histórico de transacções está também disponível para o operador.

1.2.5 Pesquisa inteligente

A transação pode ser pesquisada por palavras-chave de entrada. O operador pode definir filtros (evento, intervalo de datas, proprietário, veículo e condutor) para ordenar os registos para visualização e impressão.

As vantagens significativas do sistema são as seguintes

- Melhorar a segurança (automóvel)
- Identificar com exatidão e autorizar a circulação de veículos
- Os processos de pagamento podem ser automatizados
- Os tempos de ocupação e de permanência podem ser calculados instantaneamente

1.3 Descrição do regime

- Quando um carro entra num parque de estacionamento, a sua etiqueta é lida por um leitor. A distância de leitura mais longa e a intensidade do sinal recebido na proximidade do portão permitem um acesso mãos-livres para melhorar a experiência do utilizador e aumentar a satisfação do cliente.
- Um carro com uma etiqueta RFID autorizada pode efetivamente entrar e sair do parque de estacionamento sem ter de digitalizar manualmente a autorização.
- Processamento automático das taxas de estacionamento.
- Eficiência melhorada e mais económica do que os tradicionais cartões de passagem.
- O controlo automático do acesso à entrada e saída do parque de estacionamento aumenta a segurança dos clientes.
- Existe um centro de recarga adicional para o cliente dentro do quiosque de estacionamento para recarga de emergência ou imediata do cartão.
- Ajuda a gerir o estacionamento em espaços definidos.
- Permite a informação total de todos os carros no parque.
- Fornece um historial completo do inventário dos automóveis.
- Permite o controlo total do conteúdo e dos detalhes do parque de estacionamento para os automóveis nas instalações.
- Notifica automaticamente quando um carro entra ou sai do parque.
- Mantém uma lista dos automóveis que permanecem durante muito tempo sem vigilância e classifica-os como "suspeitos".
- Elimina a manutenção de registos manuais, aumentando assim a precisão e a produtividade do pessoal.

1.4 Etapas da operação

- Quando um carro quer entrar no lugar de estacionamento, primeiro o número do veículo é lido pelo Leitor 1 colocado ao lado do portão de entrada.
- O leitor lê o número, quer esteja registado ou não.
- Se o veículo não estiver registado, o portão não é aberto.
- Se o automóvel já estiver registado, o leitor verifica o seguinte
- O tipo de veículo, se de 2 ou 4 rodas
- Gerar uma consulta para saber se existe um espaço vazio dentro do lugar de estacionamento para esse tipo específico de automóvel
- Se não houver espaço disponível, o veículo não pode entrar
- Se houver espaço disponível, verifica o saldo da conta
- Se não houver dinheiro suficiente nessa altura, o portão não se abre
- Se existir um saldo mínimo na conta, o portão abre-se e permite a entrada do automóvel
- Finalmente, o carro é estacionado. O Tag ID do carro é inserido na base de dados de estacionamento e a hora de entrada (Tin) é registada.
- O número de veículos de duas ou quatro rodas já estacionados é aumentado de um consoante o veículo que acaba de entrar.
- Na zona de estacionamento, verifica a duração do tempo durante o qual o veículo está estacionado através de uma fórmula Tout-Tin=?
- Se o tempo for superior a 6 horas, o veículo é identificado como um veículo na lista negra da base de dados.
- No momento da saída, novamente o leitor 2, colocado junto ao portão de saída, lê a etiqueta e verifica os parâmetros necessários da seguinte forma
- Identificar o modelo de veículo
- Hora de saída dos registos (Tout)
- Calcular o tempo de facturaçãoTb= Tout-Tin
- Calcular o montante efetivo utilizando a fórmula Montante=Tb*custo por unidade de tempo.
- Mostrar o novo saldo=prev.balance-Amount
- Se o saldo for inferior a 0, informa para "pagamento extra", caso contrário abre o portão e o carro sai sem problemas.

- O automóvel sai. O ID da etiqueta do carro é removido da base de dados de estacionamento e a contagem dos carros de duas ou quatro rodas já estacionados é reduzida em um, dependendo do carro que acabou de sair.

1.5 Fluxograma:

No ponto de entrada:

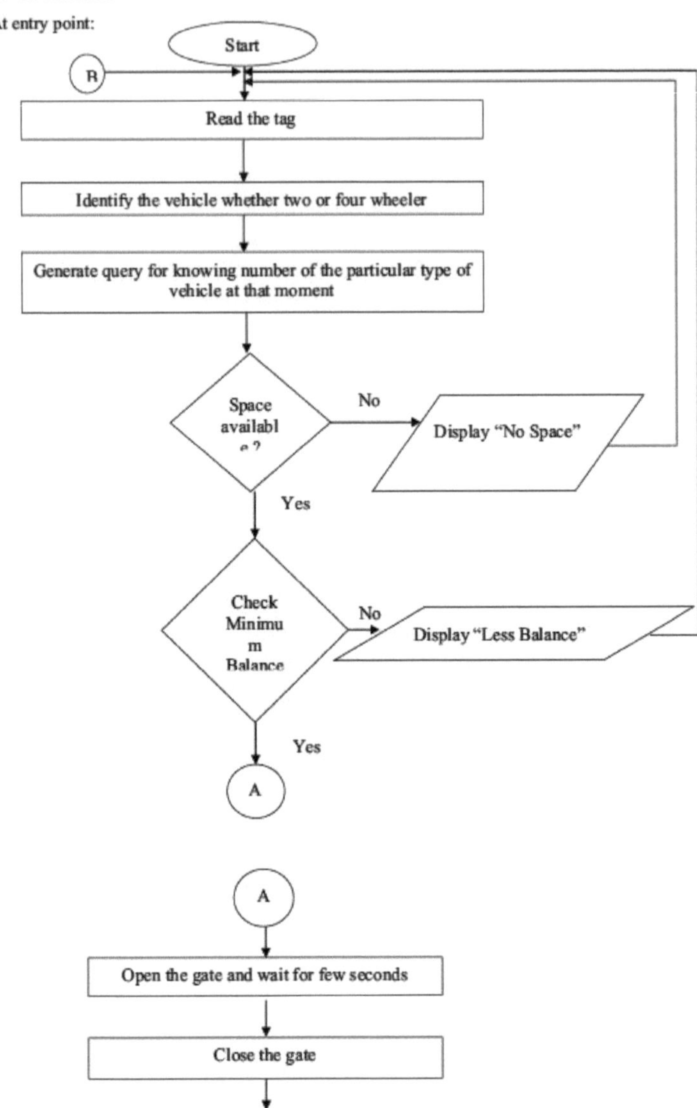

Início

Ler a etiqueta

Início

Identificar o veículo, se se trata de um veículo de duas ou quatro rodas

Gerar uma consulta para saber o número do tipo de veículo em causa nesse momento

Espaço disponível?

Mostrar "Sem espaço"

Verificar o saldo mínimo
Mostrar "Menos saldo"
Abrir o portão e aguardar alguns segundos
A
Fechar o portão

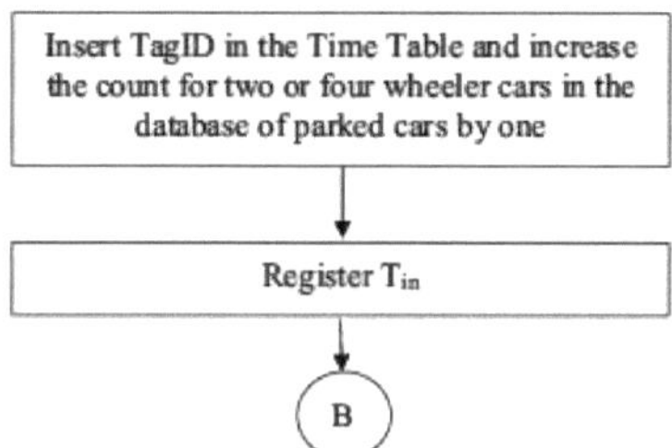

In the parking zone:

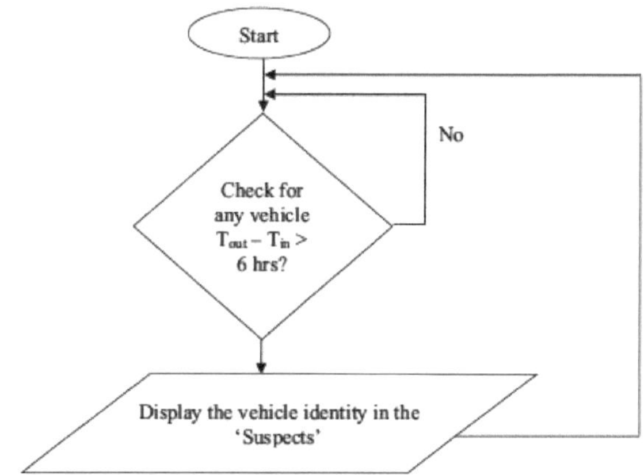

At exit point:

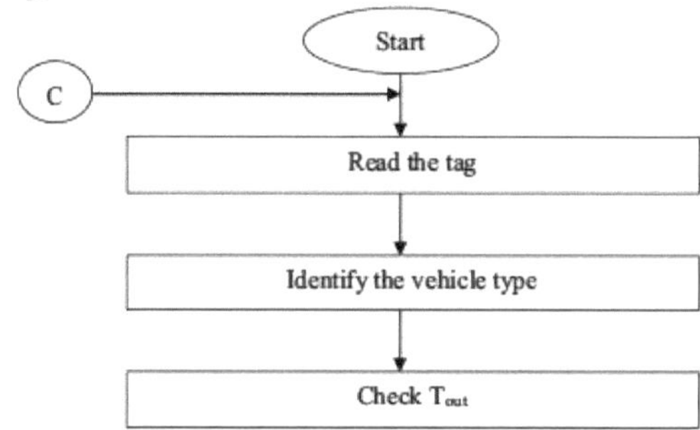

Inserir TagID na tabela de tempos e aumentar em um a contagem de carros de duas ou quatro rodas na base de dados de carros estacionados
Registar a lata
Na zona de estacionamento:
Verificar se existe algum veículo Tout - Tin > 6 horas?

Mostrar a identidade do veículo na secção "Suspeitos
No ponto de saída:
Início
Ler a etiqueta
Identificar o modelo de veículo
Verificar T_{out}

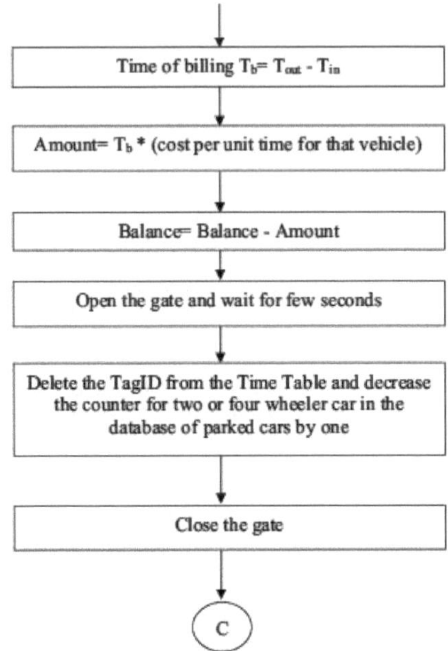

Tempo de faturação $T_b = T_{out} - T_{in}$
Montante= T_b * (custo por unidade de tempo para esse veículo)
Saldo= Saldo - Montante
Abrir o portão e aguardar alguns segundos
Fechar o portão
Eliminar o TagID da tabela de tempos e diminuir em um o contador dos veículos de duas ou quatro rodas na base de dados de veículos estacionados

Capítulo II

2.1 Implementação do sistema

Implementámos o nosso sistema com um leitor RFID, um processador Stamp, etiquetas RFID e um software especial desenvolvido por nós. A inteligência do nosso sistema concebido reside no sistema RFID e no processador que utilizámos. As etiquetas RFID têm um código de identificação específico. O leitor interroga a etiqueta e pode ler a identidade das etiquetas. A figura do sistema desenvolvido é apresentada na Fig 2.1.

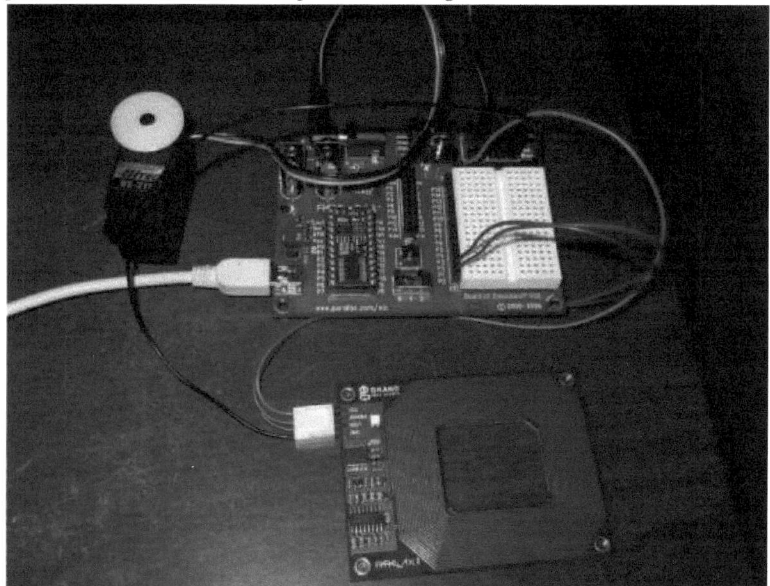

Fig. 2.1: Ligação eletrónica do nosso sistema.

2.2 Leitor

Concebidos em cooperação com o Grand Idea Studio, os leitores de cartões de identificação por radiofrequência (RFID) da Parallax fornecem uma solução de baixo custo para ler etiquetas transponder RFID passivas até 4 polegadas de distância. O leitor de cartões RFID está disponível numa versão TTL para ligação a um microcontrolador, bem como numa versão USB para ligação direta a um computador PC, Mac ou Linux. O leitor de cartões RFID da Parallax funciona exclusivamente com a família EM Microelectronics-Marin SA EM4100 de tags de transponder passivos só de leitura a 125 kHz. Cada tag de transponder contém um identificador único (um de 2^{40} , ou 1.099.511.627.776 combinações possíveis) que é lido pelo leitor de cartões RFID e transmitido ao anfitrião através de uma interface de série simples. Quando o leitor de cartões RFID está ativo e uma etiqueta de transponder RFID válida é colocada dentro do alcance do leitor ativado, a ID única é transmitida como uma cadeia ASCII de 12 bytes imprimível em série para o anfitrião no seguinte formato:

Start Byte (0x0A)	Unique ID Digit 1	Unique ID Digit 2	Unique ID Digit 3	Unique ID Digit 4	Unique ID Digit 5	Unique ID Digit 6	Unique ID Digit 7	Unique ID Digit 8	Unique ID Digit 9	Unique ID Digit 10	Stop Byte (0x0D)

Fig. 2.2: Formato do quadro do leitor.

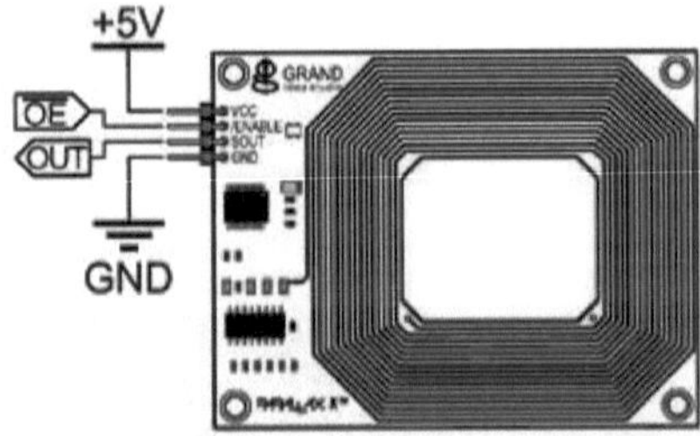

Fig. 2.3: Leitor de cartões RFID.

O byte de início e o byte de paragem são utilizados para identificar facilmente que foi recebida uma cadeia correta do leitor (correspondem a um avanço de linha e a caracteres de retorno de carro, respetivamente). Os dez bytes intermédios são a ID única do tag atual. Por exemplo, para um tag com um ID válido de 0F0184F07A, seriam enviados os seguintes bytes: $0A, $30, $46, $30, $31, $38, $34, $46, $30, $37, $41, $0D. Todas as comunicações têm 8 bits de dados, sem paridade, 1 bit de paragem e o bit menos significativo primeiro (8N1). A taxa de transmissão está configurada para 2400 bps, uma velocidade de comunicação padrão suportada por quase todos os microprocessadores ou PCs, e não pode ser alterada. O Leitor de Cartões RFID da Parallax inicia todas as comunicações. A saída do Leitor de Cartões RFID de série é de nível TTL não invertido.

2.3 Etiqueta

Uma etiqueta RFID é composta por um microchip que contém informações de identificação e uma antena que transmite esses dados sem fios para um leitor. Na sua forma mais básica, o chip conterá um identificador serializado, ou número de matrícula, que identifica exclusivamente esse item, semelhante à forma como muitos códigos de barras são utilizados atualmente. No entanto, uma diferença fundamental é o facto de as etiquetas RFID terem uma maior capacidade de dados do que os seus homólogos de código de barras. Isto aumenta as opções para o tipo de informação que pode ser codificada na etiqueta, incluindo o fabricante, o número do lote, o peso, a propriedade, o destino e o historial (como o intervalo de temperatura a que um item foi exposto). De facto, pode ser armazenada uma lista ilimitada de outros tipos de informações nas etiquetas RFID, dependendo das necessidades da aplicação. Uma etiqueta RFID pode ser colocada em artigos individuais, caixas ou paletes para efeitos de identificação, bem como em activos fixos, como reboques, contentores, caixas, etc.

As etiquetas existem numa variedade de tipos, com uma variedade de capacidades. As principais variáveis incluem: "Apenas leitura" versus "leitura-escrita". As etiquetas só de leitura contêm dados como um número de rastreio serializado, que é pré-escrito nelas pelo fabricante ou distribuidor da etiqueta. Estas são geralmente as etiquetas menos dispendiosas porque não podem ter qualquer informação adicional incluída à medida que se deslocam ao longo da cadeia de fornecimento. Quaisquer actualizações a essa informação teriam de ser mantidas no software de aplicação que acompanha o movimento e a atividade do SKU.

2.4 Servo padrão Parallax (Futaba)

O Parallax Standard Servo é ideal para projectos de robótica e de movimento básico. Pode manter qualquer posição numa gama de 180 graus e é facilmente ligado a qualquer microcontrolador Parallax.
Caraterísticas:
Mantém qualquer posição entre 0 e 180 graus
Binário de 43,1 oz-in a 6 V
Aceita quatro parafusos de montagem
A engrenagem de alta precisão fabricada em resina POM (poliacetal) permite um funcionamento suave e sem folgas
Pesa apenas 44 g (1,55 oz)
Especificações principais:
Requisitos de alimentação: 4 a 6 VDC,
Comunicação: Modulação por largura de pulso
Dimensões: 2,2 x 0,8 x 1,6 pol. (55,8 x 19 x 406 mm), excluindo a buzina do servo
Gama de temperaturas de funcionamento: +14 a +144 °F (-10 a +50 °C)
Torque: 38 oz-in @ 6 V

2.5 Ligações electrónicas

O Módulo Leitor RFID Parallax pode ser integrado em qualquer projeto utilizando apenas quatro ligações (VCC, /ENABLE, SOUT, GND). O seguinte circuito para ligar o Parallax Módulo leitor RFID para o microcontrolador BASIC Stamp:

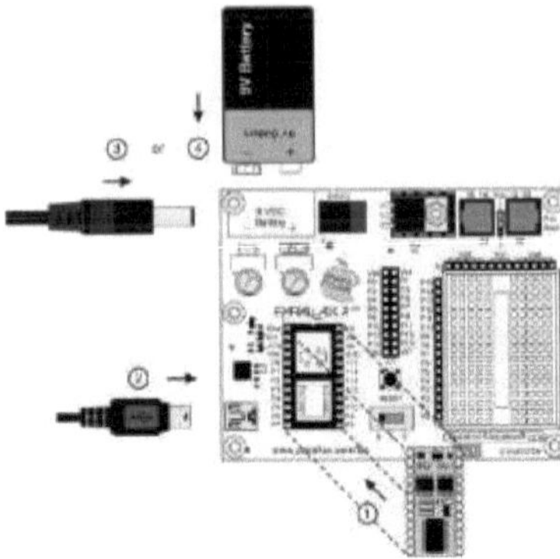

Fig. 2.4: O processador Stamp com a placa anexa.

O leitor está equipado com um processador de carimbos, como mostra a Fig.7. A identificação da etiqueta lida pelo leitor é transferida para o processador. Utilizámos um processador de carimbo moderno para o nosso projeto. Este processador tem as seguintes especificações

2.6 Processador de carimbos

O processador stamp é um processador muito robusto. Os microcontroladores BASIC Stamp têm sido utilizados por engenheiros e amadores desde que foram apresentados pela primeira vez em 1992. Em novembro de 2004, os clientes da Parallax já utilizaram mais de três milhões de módulos BASIC Stamp. Durante este período de 12 anos, a linha de controladores BASIC Stamp evoluiu para seis modelos e muitos tipos de embalagens físicas. Os módulos BASIC Stamp são microcontroladores (pequenos computadores) concebidos para serem utilizados numa vasta gama de aplicações. Muitos projectos que requerem um sistema incorporado com algum nível de inteligência podem utilizar um módulo BASIC Stamp como controlador. Cada BASIC Stamp vem com um chip interpretador BASIC, memória interna (RAM e EEPROM), um regulador de 5 volts, um número de pinos de E/S de uso geral (nível TTL, 0-5 volts) e um conjunto de comandos incorporados para operações matemáticas e de pinos de E/S. Os módulos BASIC Stamp são capazes de executar alguns milhares de instruções por segundo e são programados com uma forma simplificada, mas personalizada, da linguagem de programação BASIC, denominada PBASIC.

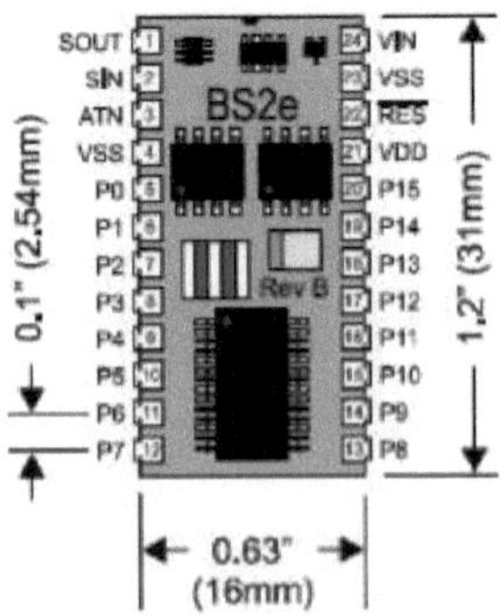

Fig. 2.5: Processador de carimbos BS2e.

2.7 PBásico

A Parallax desenvolveu o PBASIC especificamente para o BASIC Stamp, como uma linguagem simples e fácil de aprender, bem adaptada a esta arquitetura e altamente optimizada para controlo incorporado. Inclui muitas das instruções presentes noutras formas de BASIC (GOTO, FOR...NEXT, IF... THEN... ELSE), bem como algumas instruções especializadas (SERIN, SEROUT, PULSOUT, PWM, BUTTON, COUNT e DTMFOUT). A programação do processador é efectuada utilizando o PBASIC concebido pela Parallax. O processador pode ser programado através da porta USB do computador anfitrião. Os dados do leitor RFID são lidos pelos processadores de carimbos.

Cálculo do modo de transmissão para o processador do carimbo BS2e:-

Símbolo= T2400

Taxa de transmissão =2400

Polaridade= Verdadeiro

Período de bits= INT(1.000.000/Taxa de transmissão)-20= INT(1.000.000/2400)-20= 416-20=396 Modo de transmissão= Período de bits+8 bits/sem paridade+Polaridade= 396+0+0= 396

Cálculo da repetição:-

Duração de PULSOUT para rotação de 135 graus=1000 impulsos

Duração do impulso=1000 × 2 μs = 2000 μs = 2 ms

Duração total do impulso= 2 ms + 20 ms + 1,3 ms = 23,3ms

Por conseguinte, o número de repetições em 1 segundo = 1 segundo/(0,0233 segundos/repetição)= 42,91 repetições=43 repetições

Assim, o número de repetições em 5 segundos= 43*5= 215 repetições

2.8 Programa PBasic

O **programa pbasic** é apresentado de seguida:

```
' {$STAMP BS2e}
' {$PBASIC 2.5}
' [ Definições de E/S ]
Ativar PIN 0 ' E/S 0 , baixo = leitor ligado
RX PIN 1 ' I/O 1 , série do leitor
' [Constantes]
T2400 CON 396 ' selecionar baud 2400
um byte VAR
a= "A"
' [ Variáveis ]
buf VAR Byte(10) ' Memória intermédia de bytes RFID
serData VAR Byte
contador VAR Palavra
PAUSA 1000
Principal:
LOW Ativar ' Ativar o leitor
SERIN RX, T2400, [WAIT($0A), STR buf\10] ' Espera por hdr(bit de início) + ID
HIGH Ativar ' Desativar o leitor
GOSUB Mostrar_Assinalador
```

```
Mostrar_Tag:
SEROUT 16,396, [STR buf\10]
PAUSA 500 ' Tempo para remover a etiqueta mili-seg
SERIN 16,396, [serData]
SE (a=serData) ENTÃO
FOR counter = 1 TO 215 ' 135 graus durante cerca de 5 segundos.
PULSAÇÃO 14, 1000
PAUSA 20
PRÓXIMO
PULSAÇÃO 14, -1000
ELSE
GOTO MAIN
ENDIF
GOTO Principal
```

2.9 Visual Basic com programas ADO.NET

2.9.1 ClassConnection.vb

```
Classe pública ClassConnection
Private _con As New SqlClient.SqlConnection
Private _cmd As New System.Data.SqlClient.SqlCommand
Classe final
```

2.9.2 ClasseContacto.vb

```
<Serializable()> Public Class ClassContact
Private _tagID As String
Private _name As String
Private _phoneNo As String
Private _address As String
Private _vehicleNo As String
Private _vehicleType As String
Private _balance As Integer
Propriedade TagID As String
Obter
Retorna _tagID
Fim Obter
Set(ByVal value As String)
_tagID = valor
Conjunto final
Fim da propriedade
Propriedade Name() As String
Obter
Nome = _nome
Fim Obter
Set(ByVal value As String) _name = value
Conjunto final
Fim da propriedade
Property PhoneNo() As String
```

Obter
PhoneNo = _phoneNo
Fim Obter
Set(ByVal value As String) _phoneNo = value
Conjunto final
Fim da propriedade
Propriedade Address() As String
Obter
Endereço = _address
Fim Obter
Set(ByVal value As String) _address = value
Conjunto final
Fim da propriedade
Propriedade VehicleNo() As String
Obter
VehicleNo = _vehicleNo
Fim Obter
Set(ByVal value As String) _vehicleNo = value
Conjunto final
Fim da propriedade
Propriedade VehicleType As String
Obter
Devolver _vehicleType
Fim Obter
Set(ByVal value As String)
_vehicleType = valor
Conjunto final
Fim da propriedade
Propriedade Saldo As Integer
Obter
Retorno _balance
Fim Obter
Set(ByVal value As Integer)
_balance = valor
Conjunto final
Fim da propriedade
Substitui a função ToString() As String
Retornar _nome
Fim da função
Classe final

2.9.3 frmCDAll.vb

Importa System.Data.SqlClient
Classe pública frmCDAll
Private Sub btnRefresh_Click(ByVal sender As System.Object, ByVal e As System.EventArgs) Handles btnRefresh.Click

```
Dim connectionString As String
Dim connection As SqlConnection
Dim command As SqlCommand
Dim adapter As New SqlDataAdapter
Dim ds As New DataSet
Dim dv As DataView
Dim sql As String
connectionString = "data source=(local);" & _
"catálogo inicial=ParkingSolutions; ID de utilizador=sa;palavra-passe=9830964961p"
sql = "SELECT Nome, Endereço, Número de telefone como 'Número de telefone', Tipo de
veículo como 'Veículo
Type',VehicleNo As 'Vehicle No',Balance FROM TagDetail "
ligação = New SqlConnection(connectionString)
Tentar
ligação.Open()
command = New SqlCommand(sql, connection)
adaptador.SelectCommand = comando
adapter.Fill(ds, "Criar DataView")
adapter.Dispose()
comando.Eliminar()
ligação.Fechar()
dv = ds.Tables(0).DefaultView
dgvCDAll.DataSource = dv
Catch ex As Exception
MsgBox(ex.ToString)
Fim da tentativa
End Sub
Private Sub btnHomepage_Click(ByVal sender As System.Object, ByVal e As
System.EventArgs) Handles btnHomepage.Click
frmHomepage.Show()
frmHomepage.radYes.PerformClick()
Me.Hide()
End Sub
Public Sub frmCDAll_FormClosing(ByVal sender As Object, ByVal e As
FormClosingEventArgs) Handles Me.FormClosing
frmHomepage.Show()
frmHomepage.radYes.PerformClick()
Me.Hide()
End Sub
Private Sub frmCDAll_Load(ByVal sender As System.Object, ByVal e As
System.EventArgs) Handles MyBase.Load
btnRefresh.PerformClick()
End Sub
Classe final
```

2.9.4 frmCDSName.vb

```
Importações System.IO
Importa System.Runtime.Serialization.Formatters.Binary
Importações de System.Data.SqlClient
Classe pública frmCDSName
Private Sub btnHomepage_Click(ByVal sender As System.Object, ByVal e As
System.EventArgs) Handles btnHomepage.Click
frmHomepage.Show()
frmHomepage.radYes.PerformClick()
Me.Hide()
End Sub
Public Sub frmCDSName_FormClosing(ByVal sender As Object, ByVal e As
FormClosingEventArgs) Handles Me.FormClosing
frmHomepage.Show()
frmHomepage.radYes.PerformClick()
Me.Hide()
End Sub
Dim currentCustomer As Integer
Private Sub frmCDSName_Load(ByVal sender As System.Object, ByVal e As
System.EventArgs) Handles MyBase.Load
Dim connParkingSolutions As New SqlClient.SqlConnection()
connParkingSolutions.ConnectionString = "data source=(local);" & _ "initial
catalog=ParkingSolutions; user ID=sa;password=9830964961p"
Dim cmd As New System.Data.SqlClient.SqlCommand
Dim Reader As SqlDataReader
cmd.CommandType = System.Data.CommandType.Text cmd.Connection =
connParkingSolutions
cmd.CommandText = "SELECT * FROM TagDetail" connParkingSolutions.Open()
Leitor = cmd.ExecuteReader()
lboCDSName.Items.Clear()
Enquanto Leitor.Ler()
Dim C As New ClassContact
C.TagID = Leitor.Item("TagID")
C.PhoneNo = Reader.Item("PhoneNo")
C.Nome = Leitor.Item("Nome")
C.Endereço = Leitor.Item("Endereço")
C.VehicleType = Reader.Item("VehicleType")
C.VeículoNo = Leitor.Item("VeículoNo")
C.Saldo = Leitor.Item("Saldo")
lboCDSName.Items.Add(C)
Fim Enquanto
connParkingSolutions.Close()
cliente atual = 0
MostrarCliente()
End Sub
```

```
Private Sub ListBox1_SelectedIndexChanged(ByVal sender As System.Object, ByVal e
Como
System.EventArgs) Handles lboCDSName.SelectedIndexChanged
If lboCDSName.SelectedIndex > -1 Then
currentCustomer = lboCDSName.SelectedIndex
MostrarCliente()
Fim Se
End Sub
Sub ShowCustomer()
If lboCDSName.Items.Count = 0 Or currentCustomer < 0 Then Exit Sub
Dim contact As New ClassContact
contacto = CType(lboCDSName.Items.Item(currentCustomer), ClassContact)
txtTagID.Text = contacto.TagID
txtName.Text = contact.Name
txtPhoneNo.Text = contacto.PhoneNo
txtAddress.Text = contact.Address
txtVehicleType.Text = contact.VehicleType
txtVehicleNo.Text = contacto.VehicleNo
txtSaldo.Texto = contacto.Saldo
End Sub
Private Sub txtNameSearch_TextChanged(ByVal sender As System.Object, ByVal e As
System.EventArgs) manipula txtNameSearch.TextChanged
Dim srchWord As String = txtNameSearch.Text.Trim
If srchWord.Length = 0 Then Exit Sub
Dim wordIndex As Integer
wordIndex = lboCDSName.FindStringExact(srchWord)
Se wordIndex >= 0 Então
lboCDSName.TopIndex = wordIndex
lboCDSName.SelectedIndex = wordIndex
Outro
wordIndex = lboCDSName.FindString(srchWord)
Se wordIndex >= 0 Então
lboCDSName.TopIndex = wordIndex
lboCDSName.SelectedIndex = wordIndex
Além disso
Debug.WriteLine("Item " & srchWord &
" não está na lista")
Fim Se
Fim Se
End Sub
Classe final
```

2.9.5 frmCDSVehicleNo.vb

```
Importações de System.Data.SqlClient
Classe pública frmCDSVehicleNo
Public Sub frmCDSVehicleNo_FormClosing(ByVal sender As Object, ByVal e As
```

```
FormClosingEventArgs) Handles Me.FormClosing
frmHomepage.Show()
frmHomepage.radYes.PerformClick()
Me.Show()
End Sub
Private Sub btnHomepage_Click(ByVal sender As System.Object, ByVal e As
System.EventArgs) Handles btnHomepage.Click
frmHomepage.Show()
frmHomepage.radYes.PerformClick()
Me.Hide()
End Sub
Private Sub btnNewSearch_Click(ByVal sender As System.Object, ByVal e As
System.EventArgs) Handles btnNewSearch.Click
txtName.Text = ""
txtAddress.Text = ""
txtPhoneNo.Text = ""
lblVehicleType.Text = "" txtVehicleNo.Text = "" txtBalance.Text = ""
End Sub
Private Sub btnSearch_Click(ByVal sender As System.Object, ByVal e As
System.EventArgs) Handles btnSearch.Click
Dim cmd As New SqlCommand
cmd.CommandType = CommandType.Text
Dim connParkingSolutions As New SqlClient.SqlConnection()
connParkingSolutions.ConnectionString = "data source=(local);" & _ "initial
catalog=ParkingSolutions; user ID=sa;password=9830964961p" cmd.Connection =
connParkingSolutions
Dim Reader As SqlDataReader
cmd.CommandText = "SELECT * FROM TagDetail WHERE VehicleNo='" +
txtVehicleNo.Text + "'"
connParkingSolutions.Open()
Leitor = cmd.ExecuteReader()
Leitor.Ler()
txtPhoneNo.Text = Convert.ToString(Reader.Item("PhoneNo")) txtName.Text =
Convert.ToString(Reader.Item("Name"))
txtAddress.Text = Convert.ToString(Reader.Item("Address")) lblVehicleType.Text =
Convert.ToString(Reader.Item("VehicleType")) txtBalance.Text =
Convert.ToString(Reader.Item("Balance"))
connParkingSolutions.Close()
End Sub
Classe final
```

2.9.6 frmCDSVTFourWheeler.vb

```
Sistema de Importação
Importa System.Collections.Generic
Importações de System.ComponentModel
Importações de System.Data
```

```
Importações de System.Drawing
Importa System.Data.SqlClient
Importações de System.Windows.Forms
Classe pública frmCDSVTFourWheeler
Herda a forma
Private bdnCustomers As New BindingNavigator(True)
Private bdsCustomers As New BindingSource()
Private txtName As New TextBox()
Private txtAddress As New TextBox()
Private txtPhoneNo As New TextBox()
Private txtVehicleType As New TextBox()
Private txtVehicleNo As New TextBox()
Private txtBalance As New TextBox()
Private lblName As New Label
Private lblAddress As New Label
Private lblPhoneNo As New Label
Private lblVehicleNo As New Label
Private lblBalance As New Label
Public Sub New()
Me.bdnCustomers.BindingSource = Me.bdsCustomers
Me.bdnCustomers.Dock = DockStyle.Top
Me.Controls.Add(Me.bdnCustomers)
lblName.Text = "Nome : "
Me.lblName.Location = New Point(314, 218)
Me.Controls.Add(Me.lblName)
lblAddress.Text = "Endereço : "
Me.lblAddress.Location = New Point(314, 283)
Me.Controls.Add(Me.lblAddress)
lblPhoneNo.Text = "Número de telefone: "
Me.lblPhoneNo.Location = New Point(314, 455)
Me.Controls.Add(Me.lblPhoneNo)
lblVehicleNo.Text = "VehicleNo : "
Me.lblVehicleNo.Location = New Point(671, 218)
Me.Controls.Add(Me.lblVehicleNo)
lblBalance.Text = "Saldo: "
Me.lblBalance.Location = New Point(314, 525)
Me.Controls.Add(Me.lblBalance)
Me.txtName.Location = New Point(426, 215)
Me.txtName.Size = New Size(196, 20)
Me.Controls.Add(Me.txtName)
Me.txtAddress.Location = New Point(426, 280)
Me.txtAddress.Size = New Size(196, 117)
Me.txtAddress.Multiline = True
Me.Controls.Add(Me.txtAddress)
Me.txtPhoneNo.Location = New Point(426, 452)
Me.txtPhoneNo.Size = New Size(196, 20)
```

```
Me.Controls.Add(Me.txtPhoneNo)
Me.txtVehicleNo.Location = New Point(784, 204)
Me.txtVehicleNo.Size = New Size(196, 20)
Me.Controls.Add(Me.txtVehicleNo)
Me.txtBalance.Location = New Point(426, 522)
Me.txtBalance.Size = New Size(196, 20)
Me.Controls.Add(Me.txtBalance)
Me.Text = "Detalhe do cliente --> Procurar --> Por tipo de veículo --> Duas rodas"
Me.BackColor = Color.LightSteelBlue
Me.Size = New Size(1280, 800)
AddHandler Me.Load, AddressOf frmCDSVTFourWheeler_Load
End Sub
Private Sub frmCDSVTFourWheeler_Load(ByVal sender As Object, ByVal e As EventArgs)
Dim connectString As String = _
"fonte de dados=(local);" & _
    "catálogo inicial=ParkingSolutions; ID de utilizador=sa;palavra-passe=9830964961p"
Dim connection As New SqlConnection(connectString)
Tentar
Dim dataAdapter1 As New SqlDataAdapter( _
New SqlCommand("SELECT * FROM TagDetail WHERE VehicleType='Four
Wheeler'", ligação))
Dim ds As New DataSet("Clientes ParkingSolutions")
ds.Tables.Add("Customers")
dataAdapter1.Fill(ds.Tables("Customers"))
Me.bdsCustomers.DataSource = ds.Tables("Customers")
Me.txtName.DataBindings.Add(New Binding("Text", _
Me.bdsCustomers, "Nome", True))
Me.txtAddress.DataBindings.Add(New Binding("Text", _
Me.bdsCustomers, "Endereço", True))
Me.txtPhoneNo.DataBindings.Add(New Binding("Text", _
Me.bdsCustomers, "PhoneNo", True))
Me.txtVehicleType.DataBindings.Add(New Binding("Text", _
Me.bdsCustomers, "VehicleType", True))
Me.txtVehicleNo.DataBindings.Add(New Binding("Text", _
Me.bdsCustomers, "VehicleNo", True))
Me.txtBalance.DataBindings.Add(New Binding("Text", _
Me.bdsCustomers, "Saldo", True))
Finalmente
connection.Dispose()
Fim da tentativa
End Sub
<STAThread()> _
Sub público partilhado Principal()
Application.EnableVisualStyles()
Application.Run(New frmCDSVTFourWheeler())
End Sub
```

```
Public Sub frmCDSVTFourWheeler_FormClosing(ByVal sender As Object, ByVal e As FormClosingEventArgs) Handles Me.FormClosing
frmHomepage.Show()
frmHomepage.radYes.PerformClick()
Me.Show()
End Sub
Classe final
```

2.9.7 frmCDSVTTwoWheeler.vb

```
Sistema de Importação
Importa System.Collections.Generic
Importações de System.ComponentModel
Importações de System.Data
Importações de System.Drawing
Importações de System.Data.SqlClient
Importações de System.Windows.Forms
Classe pública frmCDSVTTwoWheeler
Herda a forma
Private bdnCustomers As New BindingNavigator(True)
Private bdsCustomers As New BindingSource()
Private txtName As New TextBox()
Private txtAddress As New TextBox()
Private txtPhoneNo As New TextBox()
Private txtVehicleType As New TextBox()
Private txtVehicleNo As New TextBox()
Private txtBalance As New TextBox()
Private lblName As New Label
Private lblAddress As New Label
Private lblPhoneNo As New Label
Private lblVehicleNo As New Label
Private lblBalance As New Label
Public Sub New()
Me.bdnCustomers.BindingSource = Me.bdsCustomers
Me.bdnCustomers.Dock = DockStyle.Top
Me.Controls.Add(Me.bdnCustomers)
lblName.Text = "Nome : "
Me.lblName.Location = New Point(314, 218)
Me.Controls.Add(Me.lblName)
lblAddress.Text = "Endereço : "
Me.lblAddress.Location = New Point(314, 283)
Me.Controls.Add(Me.lblAddress)
lblPhoneNo.Text = "Número de telefone: "
Me.lblPhoneNo.Location = New Point(314, 455)
Me.Controls.Add(Me.lblPhoneNo)
lblVehicleNo.Text = "VehicleNo : "
Me.lblVehicleNo.Location = New Point(671, 218)
```

```
Me.Controls.Add(Me.lblVehicleNo)
lblBalance.Text = "Saldo: "
Me.lblBalance.Location = New Point(314, 525)
Me.Controls.Add(Me.lblBalance)
Me.txtName.Location = New Point(426, 215)
Me.txtName.Size = New Size(196, 20)
Me.Controls.Add(Me.txtName)
Me.txtAddress.Location = New Point(426, 280)
Me.txtAddress.Size = New Size(196, 117)
Me.txtAddress.Multiline = True
Me.Controls.Add(Me.txtAddress)
Me.txtPhoneNo.Location = New Point(426, 452)
Me.txtPhoneNo.Size = New Size(196, 20)
Me.Controls.Add(Me.txtPhoneNo)
Me.txtVehicleNo.Location = New Point(784, 204)
Me.txtVehicleNo.Size = New Size(196, 20)
Me.Controls.Add(Me.txtVehicleNo)
Me.txtBalance.Location = New Point(426, 522)
Me.txtBalance.Size = New Size(196, 20)
Me.Controls.Add(Me.txtBalance)
Me.Text = "Detalhe do cliente --> Procurar --> Por tipo de veículo --> Duas rodas"
Me.BackColor = Color.LightSteelBlue
Me.Size = New Size(1280, 800)
AddHandler Me.Load, AddressOf frmCDSVTTwoWheeler_Load
End Sub
Private Sub frmCDSVTTwoWheeler_Load(ByVal sender As Object, ByVal e As EventArgs)
Dim connectString As String = _
"fonte de dados=(local);" & _
"catálogo inicial=ParkingSolutions; ID de utilizador=sa;palavra-passe=9830964961p"
Dim connection As New SqlConnection(connectString)
Tentar
Dim dataAdapter1 As New SqlDataAdapter( _
New SqlCommand("SELECT * FROM TagDetail WHERE VehicleType='Two
Wheeler'", ligação))
Dim ds As New DataSet ("ParkingSolutions Customers")
ds.Tables.Add("Customers")
dataAdapter1.Fill(ds.Tables("Customers"))
Me.bdsCustomers.DataSource = ds.Tables("Customers")
Me.txtName.DataBindings.Add(New Binding("Text", _
Me.bdsCustomers, "Nome", True))
Me.txtAddress.DataBindings.Add(New Binding("Text", _
Me.bdsCustomers, "Endereço", True))
Me.txtPhoneNo.DataBindings.Add(New Binding("Text", _
Me.bdsCustomers, "PhoneNo", True))
Me.txtVehicleType.DataBindings.Add(New Binding("Text", _
Me.bdsCustomers, "VehicleType", True))
```

```
Me.txtVehicleNo.DataBindings.Add(New Binding("Text", _
Me.bdsCustomers, "VehicleNo", True))
Me.txtBalance.DataBindings.Add(New Binding("Text", _
Me.bdsCustomers, "Saldo", True))
Finalmente
connection.Dispose()
Fim da tentativa
End Sub
<STAThread()> _
Sub público partilhado Principal()
Application.EnableVisualStyles()
Application.Run(New frmCDSVTTwoWheeler())
End Sub
Public Sub frmCDSVTTwoWheeler_FormClosing(ByVal sender As Object, ByVal e As
FormClosingEventArgs) Handles Me.FormClosing
frmHomepage.Show()
frmHomepage.radYes.PerformClick()
Me.Show()
End Sub
Classe final
```

2.9.8 frmDelete.vb

```
Importações de System.Data.SqlClient
Classe pública frmDelete
Dim WithEvents myComPort As New System.IO.Ports.SerialPort
Private Sub Delete_Click(ByVal sender As System.Object, ByVal e As
System.EventArgs)
Manipula btnDelete.Click
myComPort.Close()
Dim connParkingSolutions As New SqlClient.SqlConnection()
connParkingSolutions.ConnectionString = "data source=(local);" & _
    "catálogo inicial=ParkingSolutions; ID de utilizador=sa;palavra-passe=9830964961p"
Tentar
Dim cmd As New System.Data.SqlClient.SqlCommand
cmd.CommandType = System.Data.CommandType.Text
cmd.CommandText = "DELETE FROM TagDetail WHERE TagID = '" +
txtTagID.Text + "' "
cmd.Connection = connParkingSolutions
connParkingSolutions.Open()
cmd.ExecuteNonQuery()
connParkingSolutions.Close()
MessageBox.Show("Eliminação bem sucedida!", "Eliminar",
MessageBoxButtons.OK, MessageBoxIcon.Information)
txtTagID.Text = ""
lblName.Text = ""
lblAddress.Text = ""
```

```
lblPhoneNo.Text = ""
lblVehicleType.Text = ""
lblVehicleNo.Text = ""
lblBalance.Text = ""
Catch ex As Exception
MessageBox.Show("Ocorreu um erro.", "Eliminar",
MessageBoxButtons.OK, MessageBoxIcon.Error)
Fim da tentativa
End Sub
Private Sub btnHome_Click(ByVal sender As System.Object, ByVal e As
System.EventArgs)
Manipula btnHome.Click
frmHomepage.Show()
frmHomepage.radYes.PerformClick()
Me.Hide()
End Sub
Public Sub frmDelete_FormClosing(ByVal sender As Object, ByVal e As
FormClosingEventArgs) Handles Me.FormClosing
Dim reply As MsgBoxResult
If txtTagID.Text = "" Then
frmHomepage.Show()
frmHomepage.radYes.PerformClick()
Me.Hide()
Além disso
reply = MsgBox("Estava a meio de um processo. Se fechar a janela, perderá" &
" quaisquer dados não guardados. Deseja continuar?", MsgBoxStyle.YesNo)
If reply = MsgBoxResult.No Then
e.Cancelar = Verdadeiro
txtTagID.Text = ""
lblName.Text = ""
lblAddress.Text = ""
lblPhoneNo.Text = ""
lblVehicleType.Text = ""
lblVehicleNo.Text = ""
lblBalance.Text = ""
Além disso
frmHomepage.Show()
frmHomepage.radYes.PerformClick()
Me.Hide()
Fim Se
Fim Se
End Sub
Private Sub txtTagID_TextChanged(ByVal sender As System.Object, ByVal e As
System.EventArgs) Handles txtTagID.TextChanged
If txtTagID.Text.Length = 10 Then
Dim connParkingSolutions As New SqlClient.SqlConnection()
```

```
connParkingSolutions.ConnectionString = "data source=(local);" & _ "initial
catalog=ParkingSolutions; user ID=sa;password=9830964961p"
Dim cmd As New System.Data.SqlClient.SqlCommand
Dim Reader As SqlDataReader
cmd.CommandType = System.Data.CommandType.Text
cmd.Connection = connParkingSolutions
cmd.CommandText = "SELECT * FROM TagDetail WHERE TagDetail.TagID='" +
txtTagID.Text + "'"
Tentar
connParkingSolutions.Open()
Leitor = cmd.ExecuteReader()
Leitor.Ler()
lblName.Text = Convert.ToString(Reader.Item("Name"))
lblAddress.Text = Convert.ToString(Reader.Item("Address"))
lblPhoneNo.Text = Convert.ToString(Reader.Item("PhoneNo"))
lblVehicleType.Text = Convert.ToString(Reader.Item("VehicleType")) lblVehicleNo.Text =
Convert.ToString(Reader.Item("VehicleNo")) lblBalance.Text =
Convert.ToString(Reader.Item("Balance")) connParkingSolutions.Close()
Catch ex As Exception
MessageBox.Show(txtTagID.Text & " NÃO REGISTADO ")
Sair do submarino
Fim da tentativa
Fim Se
End Sub
Private Sub btnTagID_Click(ByVal sender As System.Object, ByVal e As
System.EventArgs)
Manipula btnTagID.Click
For Each strPortName As String In My.Computer.Ports.SerialPortNames myComPort.Close()
Chamar OpenPort(strPortName)
Seguinte
End Sub
Private Sub OpenPort(ByVal strPortName As String)
If Not myComPort.IsOpen Then
Tentar
myComPort.BaudRate = 2400
myComPort.PortName = strPortName
myComPort.Parity = IO.Ports.Parity.None
myComPort.DataBits = 8
myComPort.StopBits = IO.Ports.StopBits.One
myComPort.Handshake = IO.Ports.Handshake.None
myComPort.ReadTimeout = 3000
myComPort.ReceivedBytesThreshold = 1
myComPort.DtrEnable = True
myComPort.Open()
Catch ex As Exception
MsgBox("Erro ao abrir a porta COM", MsgBoxStyle.Information, ex.Message)
```

```
Fim da tentativa
Outro
MsgBox("Porta COM já aberta", MsgBoxStyle.Information)
Fim Se
End Sub
Private Sub DataReceived(ByVal sender As Object, ByVal e As
System.IO.Ports.SerialDataReceivedEventArgs)        Handles        myComPort.DataReceived
txtTagID.Invoke(New myDelegate(AddressOf updateTextBox), New Object() {})
End Sub
Delegado público Sub myDelegate()
Public Sub updateTextBox()
txtTagID.Text = txtTagID.Text + myComPort.ReadExisting()
O Meu Computador.Audio.PlaySystemSound(Media.SystemSounds.Beep)
End Sub
Private Sub btnNew_Click(ByVal sender As System.Object, ByVal e As
System.EventArgs)
Manipula btnNew.Click
txtTagID.Text = ""
lblName.Text = ""
lblAddress.Text = ""
lblPhoneNo.Text = ""
lblVehicleType.Text = ""
lblVehicleNo.Text = ""
lblBalance.Text = ""
End Sub
Classe final
```

2.9.9 frmExitBilling.vb

```
Classe pública frmExitBilling
Dim WithEvents myComPort As New System.IO.Ports.SerialPort
Public Sub PrintBill_Click(ByVal sender As System.Object, ByVal e As
System.EventArgs)
Manipula btnPrintBill.Click
btnPrintBill.Visible = False
frmHomepage.txtTagID.Text = ""
pfmExitBilling.Print()
End Sub
Public Sub frmExitBilling_FormClosing(ByVal sender As Object, ByVal e As
FormClosingEventArgs) Handles Me.FormClosing
frmHomepage.Show()
frmHomepage.radYes.PerformClick()
Me.Hide()
End Sub
Classe final
```

2.9.10 frmHomepage.vb

```
Importações de System.Data.SqlClient
```

```
Classe pública frmHomepage
Dim WithEvents myComPort As New System.IO.Ports.SerialPort
Public counttwo As Integer
Public countfour As Integer
Public maxct As Integer
Public maxcf As Integer
Public minct As Integer
Public mincf As Integer
Public ratect As Integer
Public ratecf As Integer
Public minbal As Integer
Dim cmd As New System.Data.SqlClient.SqlCommand
Dim Reader As SqlDataReader
Dim connParkingSolutions As New SqlClient.SqlConnection()
Private Sub radYes_CheckedChanged(ByVal sender As System.Object, ByVal e As
System.EventArgs) Handles radYes.CheckedChanged
For Each strPortName As String In My.Computer.Ports.SerialPortNames myComPort.Close()
Chamar OpenPort(strPortName)
Seguinte
End Sub
Private Sub OpenPort(ByVal strPortName As String)
If Not myComPort.IsOpen Then
Tentar
myComPort.BaudRate = 2400
myComPort.PortName = strPortName
myComPort.Parity = IO.Ports.Parity.None
myComPort.DataBits = 8
myComPort.StopBits = IO.Ports.StopBits.One
myComPort.Handshake = IO.Ports.Handshake.None
myComPort.ReadTimeout = 3000
myComPort.ReceivedBytesThreshold = 1
myComPort.DtrEnable = True
myComPort.Open()
Catch ex As Exception
MsgBox("Erro ao abrir a porta COM", MsgBoxStyle.Information, ex.Message)
Fim da tentativa
Além disso
MsgBox("Porta COM já aberta", MsgBoxStyle.Information)
Fim Se
End Sub
Private Sub DataReceived(ByVal sender As Object, ByVal e As
System.IO.Ports.SerialDataReceivedEventArgs)    Handles    myComPort.DataReceived
txtTagID.Invoke(New myDelegate(AddressOf updateTextBox), New Object() {})
End Sub
Delegado público Sub myDelegate()
Public Sub updateTextBox()
```

```
txtTagID.Text = txtTagID.Text + myComPort.ReadExisting()
O Meu Computador.Audio.PlaySystemSound(Media.SystemSounds.Beep)
End Sub
Private Sub radNo_CheckedChange(ByVal sender As System.Object, ByVal e As
System.EventArgs) Handles radNo.CheckedChanged
myComPort.Close()
End Sub
Private Sub tsmNewRegistration_Click(ByVal sender As System.Object, ByVal e As
System.EventArgs) Handles tsmNewRegistration.Click
radNo.PerformClick()
frmNewRegistration.Show()
Me.Hide()
End Sub
Private Sub tsmRecharge_Click(ByVal sender As System.Object, ByVal e As
System.EventArgs) Handles tsmRecharge.Click
radNo.PerformClick()
frmRecharge.Show()
Me.Hide()
End Sub
Private Sub tsmExit_Click(ByVal sender As System.Object, ByVal e As System.EventArgs)
Manipula tsmExit.Click
Fim
End Sub
Private Sub tsmUpdate_Click(ByVal sender As System.Object, ByVal e As
System.EventArgs) manipula tsmUpdate.Click
radNo.PerformClick()
frmUpdate.Show()
Me.Hide()
End Sub
Private Sub tsmDelete_Click(ByVal sender As System.Object, ByVal e As
System.EventArgs) Handles tsmDelete.Click
radNo.PerformClick()
frmDelete.Show()
Me.Hide()
End Sub
Private Sub tsmPSAll_Click(ByVal sender As System.Object, ByVal e As
System.EventArgs)
Manipula tsmPSAll.Click
frmPSAll.Show()
Me.Hide()
End Sub
Private Sub tsmPSTwoWheeler_Click(ByVal sender As System.Object, ByVal e As
System.EventArgs) Manipula tsmPSTwoWheeler.Click
frmPSTwoWheeler.Show()
Me.Hide()
End Sub
```

```
Private Sub tsmPSFourWheeler_Click(ByVal sender As System.Object, ByVal e As
System.EventArgs) Manipula tsmPSFourWheeler.Click
frmPSFourWheeler.Show()
Me.Hide()
End Sub
Private Sub tsmSuspicious_Click(ByVal sender As System.Object, ByVal e As
System.EventArgs) Handles tsmSuspicious.Click
frmSuspiciousList.Show()
Me.Hide()
End Sub
Private Sub tsmCDAll_Click(ByVal sender As System.Object, ByVal e As
System.EventArgs) Handles tsmCDAll.Click
frmCDAll.Show()
Me.Hide()
End Sub
Private Sub tsmCDSName_Click(ByVal sender As System.Object, ByVal e As
System.EventArgs) Manipula tsmCDSName.Click
frmCDSName.Show()
Me.Hide()
End Sub
Private Sub tsmCDSVehicleNo_Click(ByVal sender As System.Object, ByVal e As
System.EventArgs) Handles tsmCDSVehicleNo.Click
frmCDSVehicleNo.Show()
Me.Hide()
End Sub
Private Sub txtTagID_TextChanged(ByVal sender As System.Object, ByVal e As
System.EventArgs) manipula txtTagID.TextChanged
Dim timeIn As Date
Dim amt As Long = 0
Dim TagID As String
Dim Balance As Integer
Dim VehicleNo As String
Dim VehicleType As String
connParkingSolutions.ConnectionString = "fonte de dados=(local);" & _
"catálogo inicial=ParkingSolutions; ID de utilizador=sa;palavra-passe=9830964961p"
cmd.CommandType = System.Data.CommandType.Text
cmd.Connection = connParkingSolutions
Tentar
cmd.CommandText = "SELECT * FROM KioskDetail WHERE KioskID='1'"
connParkingSolutions.Open()
Leitor = cmd.ExecuteReader()
Leitor.Ler()
ratect = Convert.ToString(Leitor.Item("RateTW"))
ratecf = Convert.ToString(Leitor.Item("RateFW"))
maxct = Convert.ToString(Leitor.Item("MaxTW"))
maxcf = Convert.ToString(Leitor.Item("MaxFW"))
```

```
minct = Convert.ToString(Leitor.Item("MinTW"))
mincf = Convert.ToString(Leitor.Item("MinFW"))
connParkingSolutions.Close()
Catch ex As Exception
Fim da tentativa
If txtTagID.Text.Length = 10 Then
cmd.CommandText = "SELECT TagID,Name,Balance,VehicleNo,VehicleType
DE
TagDetail WHERE TagDetail.TagID='" + txtTagID.Text + "'"
Tentar
connParkingSolutions.Open()
Leitor = cmd.ExecuteReader()
Leitor.Ler()
TagID = Convert.ToString(Leitor.Item("TagID"))
Saldo = Convert.ToInt32(Leitor.Item("Saldo"))
NºVeículo = Convert.ToString(Leitor.Item("NºVeículo"))
VehicleType = Convert.ToString(Reader.Item("VehicleType")) connParkingSolutions.Close()
Catch ex As Exception
txtTagID.Text = ""
MessageBox.Show(" NOT REGISTERED ")
myComPort.Write("B")
Sair do submarino
Fim da tentativa
cmd.CommandText = "SELECT TimeIn,TagID FROM TimeDetail WHERE
TimeDetail.TagID ='" + TagID + "'"
connParkingSolutions.Open()
timeIn = cmd.ExecuteScalar()
connParkingSolutions.Close()
timeIn = timeIn.ToShortTimeString
Se VehicleType = "Two Wheeler " Então
cmd.CommandText = "SELECT COUNT (*) FROM TagDetail AS tgd RIGHT
OUTER JOIN Timedetail AS tmd ON tmd.TagID=tgd.TagID WHERE
tgd.vehicletype='two wheeler' "
connParkingSolutions.Open()
counttwo = cmd.ExecuteScalar()
connParkingSolutions.Close()
Além disso
cmd.CommandText = "SELECT COUNT (*) FROM TagDetail AS tgd RIGHT
OUTER JOIN Timedetail AS tmd ON tmd.TagID=tgd.TagID WHERE
tgd.vehicletype='four wheeler' "
connParkingSolutions.Open()
countfour = cmd.ExecuteScalar()
connParkingSolutions.Close()
Fim Se
Se timeIn = "12:00:00 am"
Se VehicleType = "Two Wheeler " Então minbal = minct
```

```
Além disso
minbal = mincf
Fim Se
Se Saldo >= minbal Então
Se (VehicleType = "Two Wheeler     " And counttwo < maxct) Then
cmd.CommandText = "INSERT INTO TimeDetail(TagID,TimeIn) VALUES ('"
+ TagID + "','" + Now + "')"
connParkingSolutions.Open()
cmd.ExecuteNonQuery()
connParkingSolutions.Close()
txtTagID.Text = ""
MessageBox.Show(" Bem-vindo ")
myComPort.Write("A")
ElseIf VehicleType = "Four Wheeler            " And countfour < maxcf Then
cmd.CommandText = "INSERT INTO TimeDetail(TagID,TimeIn) VALUES ('" +
TagID + "','" + Now + "')"
connParkingSolutions.Open()
cmd.ExecuteNonQuery()
connParkingSolutions.Close()
txtTagID.Text = ""
MessageBox.Show(" Bem-vindo ")
myComPort.Write("A")
Além disso
txtTagID.Text = ""
MessageBox.Show("ESPAÇO NÃO DISPONÍVEL PARA " & Tipo de veículo)
myComPort.Write("B")
Fim Se
Além disso
txtTagID.Text = ""
MessageBox.Show("SALDO INSUFICIENTE")
myComPort.Write("B")
Fim Se
Além disso
Dim difference As TimeSpan
diferença = TimeOfDay.Subtract(timeIn)
amt = Convert.ToString(Math.Abs(diferença.TotalMinutos))
Se amt = 0 Então
amt = 1
Fim Se
If VehicleType = "Four Wheeler " Then Balance -= amt * ratecf
Além disso
Saldo -= montante * taxa
Fim Se
Se Saldo > 0 Então
Dim RandomClass As New Random()
Dim billno As String = RandomClass.Next() cmd.CommandText = "INSERT INTO
```

```
BillDetail(Billno,TagID,VisitDate,Amount,TimeIn,TimeOut)" & _ "VALUES( '" + billno +
"','" + TagID + "','" + Today + "','" +
Convert.ToString(amt) + "','" & _
"'" + timeIn + "','" + TimeOfDay + "')" connParkingSolutions.Open()
cmd.ExecuteNonQuery()
connParkingSolutions.Close()
cmd.CommandText = "UPDATE TagDetail SET Balance = '" + Balance.ToString
+ "' WHERE TagID='" + TagID + "'"
connParkingSolutions.Open()
cmd.ExecuteNonQuery()
connParkingSolutions.Close()
cmd.CommandText = "DELETE TimeDetail WHERE TimeDetail.TagID='" +
TagID + "'"
connParkingSolutions.Open()
cmd.ExecuteNonQuery()
connParkingSolutions.Close()
txtTagID.Text = ""
frmExitBilling.lblBillNo.Text = billno frmExitBilling.lblDate.Text = DateString
frmExitBilling.lblTime.Text = TimeString frmExitBilling.lblVehicleNo.Text = VehicleNo
frmExitBilling.lblAmountPaid.Text = amt frmExitBilling.lblBalance.Text = Balance
txtTagID.Text = ""
MessageBox.Show("Thank You")
myComPort.Write("A") frmExitBilling.Show()
Além disso
txtTagID.Text = ""
MessageBox.Show("INSUFFICIENT BALANCE") myComPort.Write("B")
Fim Se
Fim Se
Fim Se
If (txtTagID.Text = "A") Then txtTagID.Text = ""
Fim Se
If (txtTagID.Text = "B") Then txtTagID.Text = ""
Fim Se
End Sub
Private Sub tsmPHDate_Click(ByVal sender As System.Object, ByVal e As
System.EventArgs) Handles tsmPHDate.Click
frmPHDate.Show()
Me.Hide()
End Sub
Private Sub tsmPHBillNo_Click(ByVal sender As System.Object, ByVal e As
System.EventArgs) Handles tsmPHBillNo.Click
frmPHBillNo.Show()
Me.Hide()
End Sub
Private Sub tsmPHVehicleNo_Click(ByVal sender As System.Object, ByVal e As
System.EventArgs) Handles tsmPHVehicleNo.Click
```

```
frmPHVehicleNo.Show()
Me.Hide()
End Sub
Private Sub tsmCDSVTTwoWheeler_Click(ByVal sender As System.Object, ByVal e As
System.EventArgs) Manipula tsmCDSVTTwoWheeler.Click
frmCDSVTTwoWheeler.Show()
Me.Hide()
End Sub
Private Sub tsmCDSVTFourWheeler_Click(ByVal sender As System.Object, ByVal e As
System.EventArgs) Manipula tsmCDSVTFourWheeler.Click
frmCDSVTFourWheeler.Show()
Me.Hide()
End Sub
Private Sub tsmRHDate_Click(ByVal sender As System.Object, ByVal e As
System.EventArgs) manipula tsmRHDate.Click
frmRHDate.Show()
Me.Hide()
End Sub
Private Sub tsmRHBillNo_Click(ByVal sender As System.Object, ByVal e As
System.EventArgs) Handles tsmRHBillNo.Click
frmRHBillNo.Show()
Me.Hide()
End Sub
Private Sub tsmRHVehicleNo_Click(ByVal sender As System.Object, ByVal e As
System.EventArgs) Handles tsmRHVehicleNo.Click
frmRHVehicleNo.Show()
Me.Hide()
End Sub
Private Sub tsmSettings_Click(ByVal sender As System.Object, ByVal e As
System.EventArgs) Handles tsmSettings.Click
frmSettings.Show()
Me.Hide()
End Sub
Classe final
```

2.9.11 frmNewRegistration.vb

```
Importações de System.Data.SqlClient
Classe pública frmNewRegistration
Dim WithEvents myComPort As New System.IO.Ports.SerialPort
Private Sub btnSave_Click(ByVal sender As System.Object, ByVal e As System.EventArgs)
Manipula btnSave.Click
myComPort.Close()
Dim connParkingSolutions As New SqlClient.SqlConnection()
txtTagId.Enabled = False
txtName.Enabled = False
txtAddress.Enabled = False
```

```
txtPhoneNo.Enabled = False
cmbVehicleType.Enabled = False
txtVehicleNo.Enabled = False
cmbBalance.Enabled = False
connParkingSolutions.ConnectionString = "fonte de dados=(local);" & _
"initial catalog=ParkingSolutions; user ID=sa;password=9830964961p" Tentar
Dim cmd As New System.Data.SqlClient.SqlCommand
cmd.CommandType = System.Data.CommandType.Text
cmd.CommandText = "INSERT INTO
  TagDetail(TagID, nome, endereço, número de telefone, tipo de veículo, número de veículo,
                                                saldo)
VALORES
('" + txtTagId.Text + "','" + txtName.Text + "','" + txtAddress.Text + "','" +
txtPhoneNo.Text + "','" + cmbVehicleType.Text + "','" + txtVehicleNo.Text + "'," +
cmbBalance.Text + ")"
cmd.Connection = connParkingSolutions
connParkingSolutions.Open()
cmd.ExecuteNonQuery()
connParkingSolutions.Close()
MessageBox.Show("Successful !      ", "Save",
MessageBoxButtons.OK, MessageBoxIcon.Information)
btnSave.Enabled = False
frmNRBilling.txtTagID = txtTagId.Text
frmNRBilling.Show()
Catch ex As Exception MessageBox.Show("Ocorreu um erro.       ", "Guardar",
MessageBoxButtons.OK, MessageBoxIcon.Error)
Fim da tentativa
End Sub
Private Sub btnNew_Click(ByVal sender As System.Object, ByVal e As System.EventArgs)
Manipula btnNew.Click
txtTagId.Clear()
txtName.Clear()
txtAddress.Clear()
txtPhoneNo.Clear()
cmbVehicleType.Text = ""
txtVehicleNo.Clear()
cmbBalance.Text = ""
txtTagId.Enabled = True
txtName.Enabled = True
txtAddress.Enabled = True
txtPhoneNo.Enabled = True
cmbVehicleType.Enabled = True
txtVehicleNo.Enabled = True
cmbBalance.Enabled = True
btnSave.Enabled = True
End Sub
```

```
Public Sub frmNewRegistration_FormClosing(ByVal sender As Object, ByVal e As
FormClosingEventArgs) Handles Me.FormClosing
Dim reply As MsgBoxResult
If txtTagId.Text = "" Then
frmHomepage.Show()
frmHomepage.radYes.PerformClick()
Me.Hide()
Além disso
reply = MsgBox("Estava a meio de um processo. Se fechar a janela, perderá" &
" quaisquer dados não guardados. Deseja continuar?", MsgBoxStyle.YesNo)
If reply = MsgBoxResult.No Then
e.Cancelar = Verdadeiro
Além disso
frmHomepage.Show()
frmHomepage.radYes.PerformClick()
Me.Hide()
Fim Se
Fim Se
End Sub
Private Sub btnTagID_Click(ByVal sender As System.Object, ByVal e As
System.EventArgs)
Manipula btnTagID.Click
For Each strPortName As String In My.Computer.Ports.SerialPortNames
myComPort.Close()
Chamar OpenPort(strPortName)
Seguinte
End Sub
Private Sub OpenPort(ByVal strPortName As String)
If Not myComPort.IsOpen Then
Tentar
myComPort.BaudRate = 2400
myComPort.PortName = strPortName
myComPort.Parity = IO.Ports.Parity.None
myComPort.DataBits = 8
myComPort.StopBits = IO.Ports.StopBits.One
myComPort.Handshake = IO.Ports.Handshake.None
myComPort.ReadTimeout = 3000
myComPort.ReceivedBytesThreshold = 1
myComPort.DtrEnable = True
myComPort.Open()
Catch ex As Exception
MsgBox("Erro ao abrir a porta COM", MsgBoxStyle.Information, ex.Message)
Fim da tentativa
Além disso
MsgBox("Porta COM já aberta", MsgBoxStyle.Information)
Fim Se
```

```
End Sub
Private Sub DataReceived(ByVal sender As Object, ByVal e As
System.IO.Ports.SerialDataReceivedEventArgs) Handles myComPort.DataReceived
txtTagID.Invoke(New myDelegate(AddressOf updateTextBox), New Object() {})
End Sub
Delegado público Sub myDelegate()
Public Sub updateTextBox()
txtTagID.Text = txtTagID.Text + myComPort.ReadExisting()
O Meu Computador.Audio.PlaySystemSound(Media.SystemSounds.Beep)
End Sub
Classe final
```

2.9.12 frmNRBilling.vb

```
Importações de System.Data.SqlClient
Classe pública frmNRBilling
Dim WithEvents myComPort As New System.IO.Ports.SerialPort
Public txtTagID As String
Public Sub PrintBill_Click(ByVal sender As System.Object, ByVal e As
System.EventArgs)
Manipula btnPrintBill.Click
btnPrintBill.Visible = False
pfmNRBilling.Print()
End Sub
Public Sub frmExitBilling_FormClosing(ByVal sender As Object, ByVal e As
FormClosingEventArgs) Handles Me.FormClosing
Me.Hide()
End Sub
Private Sub frmNRBilling_Load(ByVal sender As System.Object, ByVal e As
System.EventArgs) Handles MyBase.Load
Dim cmd As New System.Data.SqlClient.SqlCommand
Dim Reader As SqlDataReader
Dim connParkingSolutions As New SqlClient.SqlConnection()
Dim amt As Long = 0
Dim Balance As Integer
Dim VehicleNo As String
Dim VehicleType As String
connParkingSolutions.ConnectionString = "fonte de dados=(local);" & _
"catálogo inicial=ParkingSolutions; ID de utilizador=sa;palavra-passe=9830964961p"
cmd.CommandType = System.Data.CommandType.Text
cmd.Connection = connParkingSolutions
cmd.CommandText = "SELECT TagID,Name,Balance,VehicleNo,VehicleType FROM
TagDetail WHERE TagDetail.TagID='" + txtTagID + "'"
Tentar
connParkingSolutions.Open()
Leitor = cmd.ExecuteReader()
Leitor.Ler()
```

```
txtTagID = Convert.ToString(Reader.Item("TagID"))
Saldo = Convert.ToInt32(Leitor.Item("Saldo"))
NºVeículo = Convert.ToString(Leitor.Item("NºVeículo"))
VehicleType = Convert.ToString(Reader.Item("VehicleType"))
connParkingSolutions.Close()
Catch ex As Exception
MessageBox.Show(" NOT REGISTERED ")
Sair do submarino
Fim da tentativa
Dim RandomClass As New Random()
Dim billno As String = RandomClass.Next()
cmd.CommandText = "INSERT INTO
BillRechargeDetail(Billno,TagID,Time,Balance,Amount,VisitDate) VALUES( '" + billno
+ "','" + txtTagID + "','" + Now + "',@Balance,@amt,'" + Today + "' )"
cmd.Parameters.Add("@Balance", SqlDbType.Money, 15).Value = Balance
cmd.Parameters.Add("@amt", SqlDbType.Money, 15).Value = Balance
connParkingSolutions.Open()
cmd.ExecuteNonQuery()
connParkingSolutions.Close()
Me.lblDate.Text = DateString
Me.lblBillNo.Text = billno
Me.lblTime.Text = TimeString
Me.lblVehicleNo.Text = VehicleNo
Me.lblAmountPaid.Text = Saldo
Me.lblBalance.Text = Saldo
End Sub
Classe final
```

2.9.13 frmPHBillNo.vb

```
Importações de System.Data.SqlClient
Classe pública frmPHBillNo
Public Sub frmPHBillNo_FormClosing(ByVal sender As Object, ByVal e As
FormClosingEventArgs) Handles Me.FormClosing
frmHomepage.Show()
frmHomepage.radYes.PerformClick()
Me.Hide()
End Sub
Private Sub btnSearch_Click(ByVal sender As System.Object, ByVal e As
System.EventArgs) Handles btnSearch.Click
Dim tagid As String
Dim cmd As New SqlCommand
cmd.CommandType = CommandType.Text
Dim connParkingSolutions As New SqlClient.SqlConnection()
connParkingSolutions.ConnectionString = "fonte de dados=(local);" & _
"catálogo inicial=ParkingSolutions; ID de utilizador=sa;palavra-passe=9830964961p"
cmd.Connection = connParkingSolutions
```

```
Dim Reader As SqlDataReader
cmd.CommandText = "SELECT * FROM BillDetail WHERE BillNo='" + txtBillNo.Text +
"'"
Tentar
connParkingSolutions.Open()
Leitor = cmd.ExecuteReader()
Leitor.Ler()
lblAmount.Text = Convert.ToString(Reader.Item("Amount"))
lblEntryTime.Text = Convert.ToString(Reader.Item("TimeIn"))
lblExitTime.Text = Convert.ToString(Reader.Item("TimeOut"))
lblEntryDate.Text = Convert.ToDateTime(Reader.Item("VisitDate"))
tagid = Convert.ToString(Leitor.Item("TagID"))
connParkingSolutions.Close()
cmd.CommandText = "SELECT * FROM TagDetail WHERE TagID='" + tagid + "'"
connParkingSolutions.Open()
Leitor = cmd.ExecuteReader()
Leitor.Ler()
lblPhoneNo.Text = Convert.ToString(Reader.Item("PhoneNo"))
lblName.Text = Convert.ToString(Reader.Item("Name"))
lblAddress.Text = Convert.ToString(Reader.Item("Address"))
lblVehicleType.Text = Convert.ToString(Reader.Item("VehicleType"))
lblBalance.Text = Convert.ToString(Reader.Item("Balance"))
lblVehicleNo.Text = Convert.ToString(Reader.Item("VehicleNo"))
connParkingSolutions.Close()
Catch ex As Exception
MessageBox.Show(txtBillNo.Text & " NOT REGISTERED ")
Sair do submarino
Fim da tentativa
End Sub
Private Sub btnNewSearch_Click(ByVal sender As System.Object, ByVal e As
System.EventArgs) Handles btnNew.Click
lblName.Text = ""
lblAddress.Text = ""
lblPhoneNo.Text = ""
lblVehicleType.Text = ""
lblVehicleNo.Text = ""
lblBalance.Text = ""
lblAmount.Text = ""
txtBillNo.Text = ""
lblEntryTime.Text = ""
lblExitTime.Text = ""
lblEntryDate.Text = ""
End Sub
Private Sub btnHomepage_Click(ByVal sender As System.Object, ByVal e As
System.EventArgs) Handles btnHomepage.Click
frmHomepage.Show()
```

```
Me.Hide()
End Sub
Classe final
```

2.9.14 frmPHDate.vb

```
Importa System.Data.SqlClient
Classe pública frmPHDate
Private Sub frmPHDate_Load(ByVal sender As System.Object, ByVal e As
System.EventArgs) Handles MyBase.Load
btnSearch.PerformClick()
End Sub
Public Sub frmPHDate_FormClosing(ByVal sender As Object, ByVal e As
FormClosingEventArgs) Handles Me.FormClosing
frmHomepage.Show()
frmHomepage.radYes.PerformClick()
Me.Hide()
End Sub
Private Sub btnSearch_Click(ByVal sender As System.Object, ByVal e As
System.EventArgs) manipula btnSearch.Click
Dim connectionString As String
Dim connection As SqlConnection
Dim command As SqlCommand
Dim adapter As New SqlDataAdapter
Dim ds As New DataSet
Dim dv As DataView
Dim sql As String
connectionString = "data source=(local);" & _
"catálogo inicial=ParkingSolutions; ID de utilizador=sa;palavra-passe=9830964961p"
sql = "SELECT BillNo As 'Bill No.',Name,PhoneNo As 'Phone No. ', TimeIn As 'Entry
Time',Visitdate As 'Visit Date',Amount,Address,VehicleType As 'Vehicle Type',VehicleNo
As 'Vehicle No. ',Balance As 'Current Balance' FROM billDetail JOIN TagDetail ON
BillDetail.TagID=TagDetail.TagID WHERE visitDate BETWEEN '" + dtpPHDateFrom.Text
+ "'and '" + dtpPHDateTo.Text + "'" connection = New SqlConnection(connectionString)
Tentar
ligação.Open()
command = New SqlCommand(sql, connection)
adaptador.SelectCommand = comando
adapter.Fill(ds, "Criar DataView")
adapter.Dispose()
comando.Eliminar()
ligação.Fechar()
dv = ds.Tables(0).DefaultView
dgvPHDate.DataSource = dv
Catch ex As Exception
MsgBox(ex.ToString)
Fim da tentativa
```

```
End Sub
Private Sub btnHomepage_Click(ByVal sender As System.Object, ByVal e As
System.EventArgs) Handles btnHomepage.Click
frmHomepage.Show()
Me.Hide()
End Sub
Private Sub btnPrint_Click(ByVal sender As System.Object, ByVal e As System.EventArgs)
Manipula btnPrint.Click
pfmPHDate.Print()
End Sub
Classe final
```

2.9.15 frmPHVehicleNo.vb

```
Importa System.Data.SqlClient
Classe pública frmPHVehicleNo
Public Sub frmPHVehicleNo_FormClosing(ByVal sender As Object, ByVal e As
FormClosingEventArgs) Handles Me.FormClosing
frmHomepage.radYes.PerformClick()
frmHomepage.Show()
Me.Hide()
End Sub
Private Sub btnSearch_Click(ByVal sender As System.Object, ByVal e As
System.EventArgs) Handles btnSearch.Click
Dim connectionString As String
Dim connection As SqlConnection
Dim command As SqlCommand
Dim adapter As New SqlDataAdapter
Dim ds As New DataSet
Dim dv As DataView
Dim sql As String
Dim TagID As String
connectionString = "data source=(local);" & _
"catálogo inicial=ParkingSolutions; ID de utilizador=sa;palavra-passe=9830964961p"
ligação = New SqlConnection(connectionString)
Dim cmd As New SqlCommand
cmd.CommandType = CommandType.Text
Dim connParkingSolutions As New SqlClient.SqlConnection()
connParkingSolutions.ConnectionString = "data source=(local);" & _ "initial
catalog=ParkingSolutions; user ID=sa;password=9830964961p" cmd.Connection =
connParkingSolutions
Tentar
connParkingSolutions.Open()
cmd.CommandText = "SELECT TagID FROM TagDetail WHERE VehicleNo='" +
txtVehicleNo.Text + "'"
TagID = Convert.ToString(cmd.ExecuteScalar())
connParkingSolutions.Close()
```

```
ligação.Open()
sql = "SELECT BillNo AS 'Bill No.', Name, TimeIn AS 'Entry Time',TimeOut AS 'Exit Time', Amount, VisitDate AS 'Visit Date' FROM BillDetail JOIN TagDetail ON BillDetail.TagID=TagDetail.TagID WHERE BillDetail.TagID='" + TagID + "'" command = New SqlCommand(sql, connection) adapter.SelectCommand = command adapter.Fill(ds, "Create DataView")
adapter.Dispose()
comando.Eliminar()
ligação.Fechar()
dv = ds.Tables(0).DefaultView
dgvPHVehicleNo.DataSource = dv
Catch ex As Exception
MsgBox(ex.ToString)
Fim da tentativa
End Sub
Private Sub btnPrint_Click(ByVal sender As System.Object, ByVal e As System.EventArgs)
Manipula btnPrint.Click
pfmPHVehicleNo.Print()
End Sub
Private Sub btnHomepage_Click(ByVal sender As System.Object, ByVal e As System.EventArgs) Handles btnHomepage.Click
frmHomepage.Show()
Me.Hide()
End Sub
Classe final
```

2.9.16 frmPSAll.vb

```
Importa System.Data.SqlClient
Classe pública frmPSAll
Private Sub frmPSDate_Load(ByVal sender As System.Object, ByVal e As System.EventArgs) Handles MyBase.Load
btnRefresh.PerformClick()
End Sub
Private Sub BtnRefresh_Click(ByVal sender As System.Object, ByVal e As System.EventArgs) Handles btnRefresh.Click
Dim connectionString As String
Dim connection As SqlConnection
Dim command As SqlCommand
Dim adapter As New SqlDataAdapter
Dim ds As New DataSet
Dim dv As DataView
Dim sql As String
connectionString = "data source=(local);" & _
"catálogo inicial=ParkingSolutions; ID de utilizador=sa;palavra-passe=9830964961p"
sql = "SELECT Nome, TelefoneNo como 'TelefoneNo', Tipo de Veículo como 'Tipo de Veículo',
```

```
VehicleNo As 'Vehicle No.',TimeIn As 'Entry Time' " & _
"FROM TagDetail JOIN TimeDetail ON TagDetail.TagID= TimeDetail.TagID AND
Timedetail.TimeIn IS NOT NULL"
ligação = New SqlConnection(connectionString)
Tentar
ligação.Open()
command = New SqlCommand(sql, connection)
adaptador.SelectCommand = comando
adapter.Fill(ds, "Criar DataView")
adapter.Dispose()
comando.Eliminar()
ligação.Fechar()
dv = ds.Tables(0).DefaultView
dgvPSAll.DataSource = dv
Catch ex As Exception
MsgBox(ex.ToString)
Fim da tentativa
End Sub
Private Sub btnHomepage_Click(ByVal sender As System.Object, ByVal e As
System.EventArgs) Handles btnHomepage.Click
frmHomepage.Show()
frmHomepage.radYes.PerformClick()
Me.Hide()
End Sub
Private Sub BtnPrintBill_Click(ByVal sender As System.Object, ByVal e As
System.EventArgs) Handles BtnPrintBill.Click
pfmPSAll.Print()
End Sub
Public Sub frmPSAll_FormClosing(ByVal sender As Object, ByVal e As
FormClosingEventArgs) Handles Me.FormClosing
frmHomepage.Show()
frmHomepage.radYes.PerformClick()
Me.Show()
End Sub
Classe final
```

2.9.17 frmPSFourWheeler.vb

```
Importações de System.Data.SqlClient
Classe pública frmPSFourWheeler
Private Sub frmPSFourWheeler_Load(ByVal sender As System.Object, ByVal e As
System.EventArgs) Handles MyBase.Load
btnRefresh.PerformClick()
End Sub
Private Sub btnRefresh_Click(ByVal sender As System.Object, ByVal e As
System.EventArgs) Handles btnRefresh.Click
Dim connectionString As String
```

```
Dim connection As SqlConnection
Dim command As SqlCommand
Dim adapter As New SqlDataAdapter
Dim ds As New DataSet
Dim dv As DataView
Dim sql As String
connectionString = "data source=(local);" & _
"catálogo inicial=ParkingSolutions; ID de utilizador=sa;palavra-passe=9830964961p"
sql = "SELECT Nome,N.º de telefone como 'N.º de telefone',Tipo de veículo, N.º de
veículo,Tempo de entrada FROM
TagDetail JOIN TimeDetail ON TagDetail.TagID= TimeDetail.TagID WHERE
TagDetail.VehicleType='Four Wheeler' AND TimeIn IS NOT NULL "
ligação = New SqlConnection(connectionString)
Tentar
ligação.Open()
command = New SqlCommand(sql, connection)
adaptador.SelectCommand = comando
adapter.Fill(ds, "Criar DataView")
adapter.Dispose()
comando.Eliminar()
ligação.Fechar()
dv = ds.Tables(0).DefaultView
dgvFourWheeler.DataSource = dv
Catch ex As Exception
MsgBox(ex.ToString)
Fim da tentativa
End Sub
Private Sub btnHomepage_Click(ByVal sender As System.Object, ByVal e As
System.EventArgs) Handles btnHomepage.Click
frmHomepage.Show()
frmHomepage.radYes.PerformClick()
Me.Hide()
End Sub
Public Sub frmPSFourWheeler_FormClosing(ByVal sender As Object, ByVal e As
FormClosingEventArgs) Handles Me.FormClosing
frmHomepage.Show()
frmHomepage.radYes.PerformClick()
Me.Show()
End Sub
Classe final
```

2.9.18 frmPSTwoWheeler.vb

```
Importações de System.Data.SqlClient
Classe pública frmPSTwoWheeler
Private Sub frmPSTwoWheeler_Load(ByVal sender As System.Object, ByVal e As
System.EventArgs) Handles MyBase.Load
```

```
btnRefresh.PerformClick()
End Sub
Private Sub btnRefresh_Click(ByVal sender As System.Object, ByVal e As
System.EventArgs) Handles btnRefresh.Click
Dim connectionString As String
Dim connection As SqlConnection
Dim command As SqlCommand
Dim adapter As New SqlDataAdapter
Dim ds As New DataSet
Dim dv As DataView
Dim sql As String
connectionString = "data source=(local);" & _
"catálogo inicial=ParkingSolutions; ID de utilizador=sa;palavra-passe=9830964961p"
sql = "SELECT Nome,N.ºTelefone como 'N.ºTelefone', N.ºVeículo como
'N.ºVeículo',TempoIn como
'Hora de entrada' FROM TagDetail JOIN TimeDetail on TagDetail.TagID=
TimeDetail.TagID
WHERE TagDetail.VehicleType='Two Wheeler' and TimeIn IS NOT NULL "
ligação = New SqlConnection(connectionString)
Tentar
ligação.Open()
command = New SqlCommand(sql, connection)
adaptador.SelectCommand = comando
adapter.Fill(ds, "Criar DataView")
adapter.Dispose()
comando.Eliminar()
ligação.Fechar()
dv = ds.Tables(0).DefaultView
dgvPSTwoWheeler.DataSource = dv
Catch ex As Exception
MsgBox(ex.ToString)
Fim da tentativa
End Sub
Private Sub btnHomepage_Click(ByVal sender As System.Object, ByVal e As
System.EventArgs) Handles btnHomepage.Click
frmHomepage.Show()
Me.Hide()
End Sub
Public Sub frmPSTwoWheeler_FormClosing(ByVal sender As Object, ByVal e As
FormClosingEventArgs) Handles Me.FormClosing
frmHomepage.Show()
frmHomepage.radYes.PerformClick()
Me.Show()
End Sub
Classe final
```

2.9.19 frmRecharge.vb

```
Importações de System.Data.SqlClient
Classe pública frmRecharge
Dim WithEvents myComPort As New System.IO.Ports.SerialPort
Private Sub btnSave_Click(ByVal sender As System.Object, ByVal e As
System.EventArgs)
Manipula btnSave.Click
myComPort.Close()
Dim Balance As Integer
Dim VehicleNo As String
Dim Reader As SqlDataReader
Dim cmd As New System.Data.SqlClient.SqlCommand cmd.CommandType =
System.Data.CommandType.Text Dim connParkingSolutions As New
SqlClient.SqlConnection() connParkingSolutions.ConnectionString = "data source=(local);"
& _ "initial catalog=ParkingSolutions; user ID=sa;password=9830964961p" cmd.Connection
= connParkingSolutions
Dim RandomClass As New Random()
Dim billno As String = RandomClass.Next()
cmd.CommandText = "UPDATE TagDetail SET Balance= Balance + '" +
cmbRechargeAmount.Text + "' WHERE TagID='" + txtTagId.Text + "'"
connParkingSolutions.Open()
cmd.ExecuteNonQuery()
connParkingSolutions.Close()
cmd.CommandText = "SELECT * FROM TagDetail WHERE TagID='" + txtTagId.Text +
"'"
connParkingSolutions.Open()
Leitor = cmd.ExecuteReader()
Leitor.Ler()
Saldo = Convert.ToInt32(Leitor.Item("Saldo"))
VehicleNo = Convert.ToString(Reader.Item("VehicleNo")) connParkingSolutions.Close()
cmd.CommandText = "INSERT INTO
BillRechargeDetail(Billno,TagID,Time,Balance,Amount,VisitDate) VALUES( '" + billno
+ "','" + txtTagId.Text + "','" + Now + "',@Balance,@amt,'" + Today + "' )"
cmd.Parameters.Add("@Balance", SqlDbType.Money, 15).Value = Balance
cmd.Parameters.Add("@amt",        SqlDbType.Money,    15).    Value=
cmbRechargeAmount.Text
connParkingSolutions.Open()
cmd.ExecuteNonQuery()
connParkingSolutions.Close()
frmRechargeBilling.lblBillNo.Text = billno
frmRechargeBilling.lblDate.Text = DateString
frmRechargeBilling.lblTime.Text = TimeString
frmRechargeBilling.lblVehicleNo.Text = VehicleNo
frmRechargeBilling.lblAmountPaid.Text = cmbRechargeAmount.Text
frmRechargeBilling.lblBalance.Text = Saldo
```

```
frmRechargeBilling.Show()
frmRechargeBilling.btnPrintBill.PerformClick()
txtTagId.Enabled = False
cmbRechargeAmount.Text = ""
End Sub
Public Sub frmRecharge_FormClosing(ByVal sender As Object, ByVal e As
FormClosingEventArgs) Handles Me.FormClosing
frmHomepage.Show()
myComPort.Close()
Me.Hide()
End Sub
Private Sub btnTagID_Click(ByVal sender As System.Object, ByVal e As
System.EventArgs)
Manipula btnTagID.Click
For Each strPortName As String In My.Computer.Ports.SerialPortNames myComPort.Close()
Chamar OpenPort(strPortName)
Seguinte
End Sub
Private Sub OpenPort(ByVal strPortName As String)
If Not myComPort.IsOpen Then
Tentar
myComPort.BaudRate = 2400
myComPort.PortName = strPortName
myComPort.Parity = IO.Ports.Parity.None
myComPort.DataBits = 8
myComPort.StopBits = IO.Ports.StopBits.One
myComPort.Handshake = IO.Ports.Handshake.None
myComPort.ReadTimeout = 3000
myComPort.ReceivedBytesThreshold = 1
myComPort.DtrEnable = True
myComPort.Open()
Catch ex As Exception
MsgBox("Erro ao abrir a porta COM", MsgBoxStyle.Information, ex.Message)
Fim da tentativa
Além disso
MsgBox("Porta COM já aberta", MsgBoxStyle.Information)
Fim Se
End Sub
Private Sub DataReceived(ByVal sender As Object, ByVal e As
System.IO.Ports.SerialDataReceivedEventArgs) Handles myComPort.DataReceived
txtTagId.Invoke(New myDelegate(AddressOf updateTextBox), New Object() {})
End Sub
Delegado público Sub myDelegate()
Public Sub updateTextBox()
txtTagId.Text = txtTagId.Text + myComPort.ReadExisting()
O Meu Computador.Audio.PlaySystemSound(Media.SystemSounds.Beep)
```

```
End Sub
Private Sub btnNew_Click(ByVal sender As System.Object, ByVal e As System.EventArgs)
Manipula btnNew.Click
txtTagId.Text = ""
lblName.Text = ""
lblAddress.Text = ""
lblBalance.Text = ""
lblPhoneNo.Text = ""
lblVehicleNo.Text = ""
lblVehicleType.Text = ""
cmbRechargeAmount.Text = ""
txtTagId.Enabled = True
btnSave.Enabled = True
End Sub
Private Sub txtTagID_TextChanged(ByVal sender As System.Object, ByVal e As
System.EventArgs) Handles txtTagId.TextChanged
If txtTagId.Text.Length = 10 Then
Dim connParkingSolutions As New SqlClient.SqlConnection()
connParkingSolutions.ConnectionString = "data source=(local);" & _ "initial
catalog=ParkingSolutions; user ID=sa;password=9830964961p" Dim cmd As New
System.Data.SqlClient.SqlCommand
Dim Reader As SqlDataReader
cmd.CommandType = System.Data.CommandType.Text
cmd.Connection = connParkingSolutions
cmd.CommandText = "SELECT * FROM TagDetail WHERE TagDetail.TagID='" +
txtTagId.Text + "'"
Tentar
connParkingSolutions.Open()
Leitor = cmd.ExecuteReader()
Leitor.Ler()
lblName.Text = Convert.ToString(Reader.Item("Name"))
lblAddress.Text = Convert.ToString(Reader.Item("Address"))
lblPhoneNo.Text = Convert.ToString(Reader.Item("PhoneNo")) lblVehicleType.Text =
Convert.ToString(Reader.Item("VehicleType")) lblVehicleNo.Text =
Convert.ToString(Reader.Item("VehicleNo")) lblBalance.Text =
Convert.ToString(Reader.Item("Balance")) connParkingSolutions.Close()
Catch ex As Exception
MessageBox.Show(txtTagId.Text & " NOT REGISTERED ")
Sair do submarino
Fim da tentativa
Fim Se
End Sub
Private Sub btnHomepage_Click(ByVal sender As System.Object, ByVal e As
System.EventArgs) Handles btnHomepage.Click
frmHomepage.Show()
myComPort.Close()
```

```
Me.Hide()
End Sub
Classe final
```

2.9.20 frmRechargeBilling.vb

```
Public Class frmRechargeBilling
Public Sub frmRechargeBilling_FormClosing(ByVal sender As Object, ByVal e As
FormClosingEventArgs) Handles Me.FormClosing
frmHomepage.radYes.PerformClick()
frmHomepage.Show()
Me.Hide()
End Sub
Private Sub BtnPrintBill_Click(ByVal sender As System.Object, ByVal e As
System.EventArgs)
btnPrintBill.Visible = False
pfmRechargeBilling.Print()
End Sub
Classe final
```

2.9.21 frmRHBillNo.vb

```
Importações de System.Data.SqlClient
Classe pública frmRHBillNo
Public Sub frmPHBillNo_FormClosing(ByVal sender As Object, ByVal e As
FormClosingEventArgs) Handles Me.FormClosing
frmHomepage.radYes.PerformClick()
frmHomepage.Show()
Me.Hide()
End Sub
Private Sub btnSearch_Click(ByVal sender As System.Object, ByVal e As
System.EventArgs) Handles btnSearch.Click
Dim tagid As String
Dim cmd As New SqlCommand cmd.CommandType = CommandType.Text Dim
connParkingSolutions As New SqlClient.SqlConnection()
connParkingSolutions.ConnectionString = "data source=(local);" & _
"catálogo inicial=ParkingSolutions; ID de utilizador=sa;palavra-passe=9830964961p"
cmd.Connection = connParkingSolutions
Dim Reader As SqlDataReader
cmd.CommandText = "SELECT * FROM BillRechargeDetail WHERE BillNo='" +
txtBillNo.Text + "'"
Tentar
connParkingSolutions.Open()
Leitor = cmd.ExecuteReader()
Leitor.Ler()
lblAmount.Text = Convert.ToString(Reader.Item("Amount"))
lblTime.Text = Convert.ToString(Reader.Item("Time"))
lblDate.Text = Convert.ToDateTime(Reader.Item("VisitDate"))
tagid = Convert.ToString(Leitor.Item("TagID"))
```

```
connParkingSolutions.Close()
cmd.CommandText = "SELECT * FROM TagDetail WHERE TagID='" + tagid + "'"
connParkingSolutions.Open()
Leitor = cmd.ExecuteReader()
Leitor.Ler()
lblPhoneNo.Text = Convert.ToString(Reader.Item("PhoneNo"))
lblName.Text = Convert.ToString(Reader.Item("Name"))
lblAddress.Text = Convert.ToString(Reader.Item("Address")) lblVehicleType.Text =
Convert.ToString(Reader.Item("VehicleType")) lblBalance.Text =
Convert.ToString(Reader.Item("Balance"))
lblVehicleNo.Text = Convert.ToString(Reader.Item("VehicleNo"))
connParkingSolutions.Close()
Catch ex As Exception
MessageBox.Show(txtBillNo.Text & " NOT REGISTERED ")
Sair do submarino
Fim da tentativa
End Sub
Private Sub btnNewSearch_Click(ByVal sender As System.Object, ByVal e As
System.EventArgs) Handles btnNew.Click
lblName.Text = ""
lblAddress.Text = ""
lblPhoneNo.Text = ""
lblVehicleType.Text = ""
lblVehicleNo.Text = ""
lblBalance.Text = ""
lblAmount.Text = ""
txtBillNo.Text = ""
lblTime.Text = ""
lblDate.Text = ""
End Sub
Private Sub btnHomepage_Click(ByVal sender As System.Object, ByVal e As
System.EventArgs) Handles btnHomepage.Click
frmHomepage.Show()
Me.Hide()
End Sub
Classe final
```

2.9.22 frmRHDate.vb

```
Importações de System.Data.SqlClient
Classe pública frmRHDate
Private Sub frmPHDate_Load(ByVal sender As System.Object, ByVal e As
System.EventArgs) Handles MyBase.Load
btnSearch.PerformClick()
End Sub
Public Sub frmRHDate_FormClosing(ByVal sender As Object, ByVal e As
FormClosingEventArgs) Handles Me.FormClosing
```

```
frmHomepage.radYes.PerformClick()
frmHomepage.Show()
Me.Hide()
End Sub
Private Sub btnSearch_Click(ByVal sender As System.Object, ByVal e As
System.EventArgs) Handles btnSearch.Click
Dim connectionString As String
Dim connection As SqlConnection
Dim command As SqlCommand
Dim adapter As New SqlDataAdapter
Dim ds As New DataSet
Dim dv As DataView
Dim sql As String
connectionString = "data source=(local);" & _
"catálogo inicial=ParkingSolutions; ID de utilizador=sa;palavra-passe=9830964961p"
sql = "SELECT BillNo As 'Bill No.',Name,PhoneNo As 'Phone No. ', Time ,Visitdate As
'Data da visita',Montante,Endereço,VehicleType As 'Tipo de veículo',VehicleNo As 'Número
do veículo.
',Tagdetail.Balance As 'Current Balance' FROM BillRechargeDetail join TagDetail on
BillRechargeDetail.TagID=TagDetail.TagID WHERE visitDate between '" +
dtpRHDateFrom.Text + "'AND '" + dtpRHDateTo.Text + "'"
ligação = New SqlConnection(connectionString)
Tentar
ligação.Open()
command = New SqlCommand(sql, connection)
adaptador.SelectCommand = comando
adapter.Fill(ds, "Criar DataView")
adapter.Dispose()
comando.Eliminar()
ligação.Fechar()
dv = ds.Tables(0).DefaultView
dgvRHDate.DataSource = dv
Catch ex As Exception
MsgBox(ex.ToString)
Fim da tentativa
End Sub
Private Sub btnHomepage_Click(ByVal sender As System.Object, ByVal e As
System.EventArgs) Handles btnHomepage.Click
frmHomepage.Show()
Me.Hide()
End Sub
Private Sub btnPrint_Click(ByVal sender As System.Object, ByVal e As System.EventArgs)
Manipula btnPrint.Click
pfmRHDate.Print()
End Sub
Classe final
```

2.9.23 frmRHVehicleNo.vb

```
Importa System.Data.SqlClient
Classe pública frmRHVehicleNo
Public Sub frmRHVehicleNo_FormClosing(ByVal sender As Object, ByVal e As
FormClosingEventArgs) Handles Me.FormClosing
frmHomepage.radYes.PerformClick()
frmHomepage.Show()
Me.Hide()
End Sub
Private Sub btnSearch_Click(ByVal sender As System.Object, ByVal e As
System.EventArgs) Handles btnSearch.Click
Dim connectionString As String
Dim connection As SqlConnection
Dim command As SqlCommand
Dim adapter As New SqlDataAdapter
Dim ds As New DataSet
Dim dv As DataView
Dim sql As String
Dim TagID As String
connectionString = "data source=(local);" & _
"catálogo inicial=ParkingSolutions; ID de utilizador=sa;palavra-passe=9830964961p"
ligação = New SqlConnection(connectionString)
Dim cmd As New SqlCommand
cmd.CommandType = CommandType.Text
Dim connParkingSolutions As New SqlClient.SqlConnection()
connParkingSolutions.ConnectionString = "data source=(local);" & _ "initial
catalog=ParkingSolutions; user ID=sa;password=9830964961p" cmd.Connection =
connParkingSolutions
Tentar
connParkingSolutions.Open()
cmd.CommandText = "SELECT TagID FROM TagDetail WHERE VehicleNo='" +
txtVehicleNo.Text + "'"
TagID = Convert.ToString(cmd.ExecuteScalar())
connParkingSolutions.Close()
ligação.Open()
sql = "SELECT Nome,Endereço,N.ºTelefone como 'N.ºTelefone',N.ºVeículo como
'N.ºVeículo',Montante,BillRechargeDetail.Balance,VisitDate como 'Data da Visita' FROM
BillRechargeDetail JOIN TagDetail on BillRechargeDetail.TagID=TagDetail.TagID WHERE
BillRechargeDetail.TagID='" + TagID + "'"
comando = New SqlCommand(sql, connection) adaptador.SelectCommand = comando
adapter.Fill(ds, "Criar DataView")
adapter.Dispose()
comando.Eliminar()
ligação.Fechar()
dv = ds.Tables(0).DefaultView
```

```
dgvRHVehicleNo.DataSource = dv
Catch ex As Exception
MsgBox(ex.ToString)
Fim da tentativa
End Sub
Private Sub btnPrint_Click(ByVal sender As System.Object, ByVal e As System.EventArgs)
Manipula btnPrint.Click
pfmRHVehicleNo.Print()
End Sub
Private Sub btnHomepage_Click(ByVal sender As System.Object, ByVal e As
System.EventArgs) Handles btnHomepage.Click
frmHomepage.Show()
Me.Hide()
End Sub
Classe final
```

2.9.24 frmSettings.vb

```
Importações de System.Data.SqlClient
Classe pública frmSettings
Dim connParkingSolutions As New SqlClient.SqlConnection()
Dim cmd As New System.Data.SqlClient.SqlCommand
Dim Reader As SqlDataReader
Public Sub frmSettings_FormClosing(ByVal sender As Object, ByVal e As
FormClosingEventArgs) Handles Me.FormClosing
frmHomepage.radYes.PerformClick()
frmHomepage.Show()
Me.Hide()
End Sub
Private Sub btnCancel_Click(ByVal sender As System.Object, ByVal e As
System.EventArgs) Handles btnCancel.Click
frmHomepage.radYes.PerformClick()
frmHomepage.Show()
Me.Hide()
End Sub
Private Sub btnSave_Click(ByVal sender As System.Object, ByVal e As System.EventArgs)
Manipula btnSave.Click
connParkingSolutions.ConnectionString = "fonte de dados=(local);" & _
"catálogo inicial=ParkingSolutions; ID de utilizador=sa;palavra-passe=9830964961p"
cmd.CommandType = System.Data.CommandType.Text
cmd.Connection = connParkingSolutions
Tentar
Se ckbrall.Checked = True Então
cmd.CommandText = "DELETE TagDetail" connParkingSolutions.Open()
cmd.ExecuteNonQuery() connParkingSolutions.Close()
cmd.CommandText = "DELETE TimeDetail" connParkingSolutions.Open()
cmd.ExecuteNonQuery() connParkingSolutions.Close()
```

```
cmd.CommandText = "DELETE BillDetail" connParkingSolutions.Open()
cmd.ExecuteNonQuery()
connParkingSolutions.Close()
cmd.CommandText = "DELETE BillrechargeDetail" connParkingSolutions.Open()
cmd.ExecuteNonQuery() connParkingSolutions.Close() ckbrall.Checked = False
Fim Se
Se ckbrcd.Checked = True Então
cmd.CommandText = "DELETE TagDetail" connParkingSolutions.Open()
cmd.ExecuteNonQuery() connParkingSolutions.Close() ckbrcd.Checked = False
Fim Se
If ckbrebd.Checked = True Then
cmd.CommandText = "DELETE BillDetail" connParkingSolutions.Open()
cmd.ExecuteNonQuery()
connParkingSolutions.Close() ckbrebd.Checked = False
Fim Se
Se ckbrrbd.Checked = True Então
cmd.CommandText = "DELETE BillRechargeDetail"
connParkingSolutions.Open()
cmd.ExecuteNonQuery()
connParkingSolutions.Close() ckbrrbd.Checked = False
Fim Se
Se ckbrtd.Checked = True Then
cmd.CommandText = "DELETE TimeDetail"
connParkingSolutions.Open()
cmd.ExecuteNonQuery()
connParkingSolutions.Close() ckbrrbd.Checked = False
Fim Se
Catch ex As Exception
MessageBox.Show("Erro na eliminação       ")
Fim da tentativa
Tentar
cmd.CommandText = "UPDATE KioskDetail SET RateTW='" + txtratetw.Text +
"',RateFW='" + txtratefw.Text + "',MaxTW='" + txtmaxtw.Text + "',MaxFW='" +
txtmaxfw.Text + "',MinTW='" + txtmintw.Text + "',MinFW='" + txtminfw.Text + "' WHERE
KioskID='1'"
connParkingSolutions.Open()
cmd.ExecuteNonQuery()
connParkingSolutions.Close()
MessageBox.Show("Dados actualizados       ")
Catch ex As Exception
MessageBox.Show("Falha na atualização de dados ")
Fim da tentativa
btnSave.Enabled = False
btnCancel.Enabled = False
End Sub
Private Sub frmSettings_Load(ByVal sender As System.Object, ByVal e As
```

```
System.EventArgs) Handles MyBase.Load
connParkingSolutions.ConnectionString = "fonte de dados=(local);" & _
"catálogo inicial=ParkingSolutions; ID de utilizador=sa;palavra-passe=9830964961p"
cmd.CommandType = System.Data.CommandType.Text
cmd.Connection = connParkingSolutions
Tentar
cmd.CommandText = "SELECT * FROM KioskDetail WHERE KioskID='1'"
connParkingSolutions.Open()
Leitor = cmd.ExecuteReader()
Leitor.Ler()
txtratetw.Text = Convert.ToString(Reader.Item("RateTW"))
txtratefw.Text = Convert.ToString(Reader.Item("RateFW"))
txtmaxtw.Text = Convert.ToString(Reader.Item("MaxTW"))
txtmaxfw.Text = Convert.ToString(Reader.Item("MaxFW"))
txtmintw.Text = Convert.ToString(Reader.Item("MinTW"))
txtminfw.Text = Convert.ToString(Reader.Item("MinFW")) connParkingSolutions.Close()
Catch ex As Exception
Fim da tentativa
btnCancel.Enabled = True
btnSave.Enabled = True
End Sub
Private Sub ckbrall_checked(ByVal sender As System.Object, ByVal e As
System.EventArgs)
Manipula ckbrall.CheckedChanged
Se ckbrall.Checked = True Então
ckbrcd.Checked = True
ckbrebd.Checked = True
ckbrrbd.Checked = True
ckbrtd.Checked = True
Além disso
ckbrcd.Checked = False
ckbrebd.Checked = False
ckbrrbd.Checked = False
ckbrtd.Checked = False
Fim Se
End Sub
Classe final
```

2.9.25 frmSuspiciousList.vb

```
Importações de System.Data.SqlClient
Classe pública frmSuspiciousList
Private Sub frmSuspiciousList_Loading(ByVal sender As System.Object, ByVal e As
System.EventArgs) Handles MyBase.Load
btnSearch.PerformClick()
End Sub
Private Sub btnHomepage_Click(ByVal sender As System.Object, ByVal e As
```

```
System.EventArgs) Handles btnHomepage.Click
frmHomepage.Show()
Me.Hide()
End Sub
Private Sub btnSearch_Click(ByVal sender As System.Object, ByVal e As
System.EventArgs) manipula btnSearch.Click
Dim connectionString As String
Dim connection As SqlConnection
Dim command As SqlCommand
Dim adapter As New SqlDataAdapter
Dim ds As New DataSet
Dim dv As DataView
Dim sql As String
connectionString = "data source=(local);" & _
"catálogo inicial=ParkingSolutions; ID de utilizador=sa;palavra-passe=9830964961p"
If cboLookfor.Text = "Veículos suspeitos anteriores" Then
sql = "Selecione Nome, Endereço, TelefoneNo como 'TelefoneNo', VeículoNo como 'Veículo
No.',TimeIn As 'Entry Time', TimeOut As 'Exit Time',VisitDate As 'Visit Date' from
billDetail join TagDetail on BillDetail.TagID=TagDetail.TagID where (visitDate between
'" + dtpFrom.Text + "'e '" + dtpTo.Text + "') e
datediff(MINUTE,TimeOut,TimeIn)>'6'"
Além disso
sql = "select Name,Address, PhoneNo As 'Phone No', TimeIn As 'Entry Time',Balance
from TimeDetail join TagDetail on TimeDetail.TagID=TagDetail.TagID where
DATEDIFF(minute,TimeIn,GETDATE())>'6' "
Fim Se
ligação = New SqlConnection(connectionString)
Tentar
ligação.Open()
command = New SqlCommand(sql, connection)
adaptador.SelectCommand = comando
adapter.Fill(ds, "Criar DataView")
adapter.Dispose()
comando.Eliminar()
ligação.Fechar()
dv = ds.Tables(0).DefaultView
DataGridView1.DataSource = dv
Catch ex As Exception
MsgBox(ex.ToString)
Fim da tentativa
End Sub
Public Sub frm_FormClosing(ByVal sender As Object, ByVal e As FormClosingEventArgs)
Manipula Me.FormClosing
frmHomepage.Show()
Me.Hide()
End Sub
```

Classe final

2.9.26 frmUpdate.vb

```
Importações de System.Data.SqlClient
Classe pública frmUpdate
Dim WithEvents myComPort As New System.IO.Ports.SerialPort
Dim connParkingSolutions As New SqlClient.SqlConnection()
Dim cmd As New System.Data.SqlClient.SqlCommand
Dim Reader As SqlDataReader
Private Sub btnHomepage_Click(ByVal sender As System.Object, ByVal e As
System.EventArgs) Handles btnHomepage.Click
frmHomepage.Show()
myComPort.Close()
Me.Hide()
End Sub
Public Sub frmUpdate_FormClosing(ByVal sender As Object, ByVal e As
FormClosingEventArgs) Handles Me.FormClosing
frmHomepage.Show()
myComPort.Close()
Me.Hide()
End Sub
Private Sub btnTagID_Click(ByVal sender As System.Object, ByVal e As
System.EventArgs)
Manipula btnTagID.Click
For Each strPortName As String In My.Computer.Ports.SerialPortNames myComPort.Close()
Chamar OpenPort(strPortName)
Seguinte
End Sub
Private Sub OpenPort(ByVal strPortName As String)
If Not myComPort.IsOpen Then
Tentar
myComPort.BaudRate = 2400
myComPort.PortName = strPortName
myComPort.Parity = IO.Ports.Parity.None
myComPort.DataBits = 8
myComPort.StopBits = IO.Ports.StopBits.One
myComPort.Handshake = IO.Ports.Handshake.None
myComPort.ReadTimeout = 3000
myComPort.ReceivedBytesThreshold = 1
myComPort.DtrEnable = True
myComPort.Open()
Catch ex As Exception
MsgBox("Erro ao abrir a porta COM", MsgBoxStyle.Information, ex.Message)
Fim da tentativa
Outro
MsgBox("Porta COM já aberta", MsgBoxStyle.Information)
```

```
Fim Se
End Sub
Private Sub DataReceived(ByVal sender As Object, ByVal e As
System.IO.Ports.SerialDataReceivedEventArgs) Handles myComPort.DataReceived
txtTagID.Invoke(New myDelegate(AddressOf updateTextBox), New Object() {})
End Sub
Delegado público Sub myDelegate()
Public Sub updateTextBox()
txtTagID.Text = txtTagID.Text + myComPort.ReadExisting()
O Meu Computador.Audio.PlaySystemSound(Media.SystemSounds.Beep)
End Sub
Private Sub btnSave_Click(ByVal sender As System.Object, ByVal e As
System.EventArgs)
Manipula btnSave.Click
myComPort.Close()
Dim connParkingSolutions As New SqlClient.SqlConnection()
txtTagID.Enabled = False
txtName.Enabled = False
txtAddress.Enabled = False
txtPhoneNo.Enabled = False
connParkingSolutions.ConnectionString = "fonte de dados=(local);" & _
"catálogo inicial=ParkingSolutions; ID de utilizador=sa;palavra-passe=9830964961p"
Tentar
Dim cmd As New System.Data.SqlClient.SqlCommand
cmd.CommandType = System.Data.CommandType.Text
cmd.CommandText = "Atualizar TagDetail set Name='" + txtName.Text +
"',Endereço=" &
"'" + txtEndereço.Texto + "',TelefoneNo='" + txtPhoneNo.Text + "' where TagID='" +
txtTagID.Text + "'"
cmd.Connection = connParkingSolutions
connParkingSolutions.Open()
cmd.ExecuteNonQuery()
connParkingSolutions.Close()
MessageBox.Show("Successful !      ", "Save",
MessageBoxButtons.OK, MessageBoxIcon.Information) btnSave.Enabled = False
Catch ex As Exception
MessageBox.Show("Ocorreu um erro.         ", "Guardar",
MessageBoxButtons.OK, MessageBoxIcon.Error)
Fim da tentativa
End Sub
Private Sub btnNew_Click(ByVal sender As System.Object, ByVal e As System.EventArgs)
Manipula btnNew.Click
txtTagID.Text = ""
txtName.Text = ""
txtAddress.Text = ""
txtPhoneNo.Text = ""
```

```
lblName.Text = ""
lblAddress.Text = ""
lblBalance.Text = ""
lblPhoneNo.Text = ""
lblVehicleNo.Text = ""
lblVehicleType.Text = ""
txtTagID.Enabled = True txtName.Enabled = True
txtAddress.Enabled = True
txtPhoneNo.Enabled = True
btnSave.Enabled = True
End Sub
Private Sub txtTagID_TextChanged(ByVal sender As System.Object, ByVal e As
System.EventArgs) Handles txtTagID.TextChanged
If txtTagID.Text.Length = 10 Then
connParkingSolutions.ConnectionString = "data source=(local);" & _ "initial
catalog=ParkingSolutions; user ID=sa;password=9830964961p" cmd.CommandType =
System.Data.CommandType.Text cmd.Connection = connParkingSolutions
cmd.CommandText = "SELECT * FROM TagDetail WHERE TagDetail.TagID='" +
txtTagID.Text + "'"
Tentar
connParkingSolutions.Open()
Leitor = cmd.ExecuteReader()
Leitor.Ler()
lblName.Text = Convert.ToString(Reader.Item("Name"))
txtNome.Texto = Convert.ToString(Leitor.Item("Nome"))
lblAddress.Text = Convert.ToString(Reader.Item("Address")) txtAddress.Text =
Convert.ToString(Reader.Item("Address")) lblPhoneNo.Text =
Convert.ToString(Reader.Item("PhoneNo")) txtPhoneNo.Text =
Convert.ToString(Reader.Item("PhoneNo")) lblVehicleType.Text =
Convert.ToString(Reader.Item("VehicleType")) lblVehicleNo.Text =
Convert.ToString(Reader.Item("VehicleNo")) lblBalance.Text =
Convert.ToString(Reader.Item("Balance")) connParkingSolutions.Close()
Catch ex As Exception
MessageBox.Show(" NOT REGISTERED ")
Sair do submarino
Fim da tentativa
Fim Se
End Sub
Classe final
```

2.10 Esquema da base de dados

Tabela 2.1: Tabela dbo.BillDetail

Nome da coluna	Tipo de dados	Permitir nulos
BillNão	nchar(30)	Falso
ID da etiqueta	nvarchar(10)	Falso
Tempo	tempo(7)	Verdadeiro
Tempo de espera	tempo(7)	Verdadeiro
Montante	nchar(10)	Falso
Data de visita	data	Falso

Tabela 2.2: Tabela dbo.BillRechargeDetail

Nome da coluna	Tipo de dados	Permitir nulos
Não	nchar(30)	Falso
ID da etiqueta	nvarchar(10)	Falso
Tempo	tempo(7)	Falso
Equilíbrio	dinheiro	Falso
Montante	dinheiro	Falso
Data de visita	data	Falso

Tabela 2.3: Tabela dbo.KioskDetail

Nome da coluna	Tipo de dados	Permitir nulos
QuiosqueID	nchar(10)	Falso
TaxaTW	dinheiro	Verdadeiro
TaxaFW	dinheiro	Verdadeiro
MaxTW	int	Verdadeiro
MaxFW	int	Verdadeiro
MinTW	dinheiro	Verdadeiro
MinFW	dinheiro	Verdadeiro

Tabela 2.4: Tabela dbo.TagDetail

Nome da coluna	Tipo de dados	Permitir nulos
ID da etiqueta	nvarchar(10)	Falso
Nome	nchar(30)	Falso
Endereço	nvarchar(MAX)	Falso
TelefoneNão	nchar(15)	Falso
Tipo de veículo	nchar(20)	Falso
VeículoNão	nchar(10)	Falso
Equilíbrio	dinheiro	Falso

Tabela 2.5: dbo.TimeDetail

Nome da coluna	Tipo de dados	Permitir nulos
ID da etiqueta	nvarchar(10)	Falso
Tempo	pequena data	Falso

2.11 Diagrama da base de dados

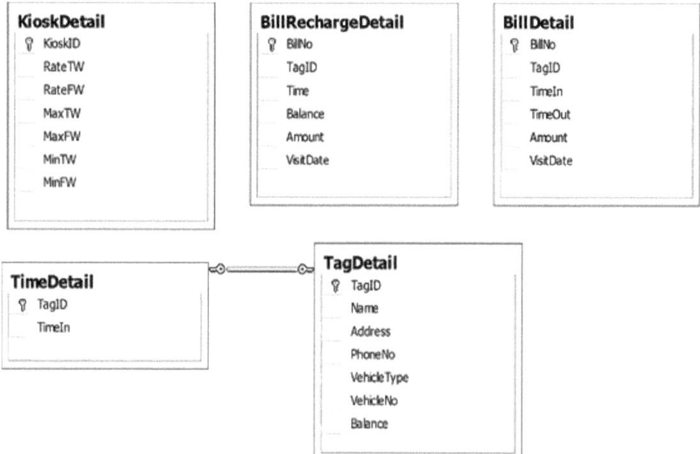

Fig. 2.6: Diagrama da base de dados das soluções de estacionamento.

2.12 Etapas de funcionamento do nosso sistema desenvolvido

i) O ecrã do PC permanece como mostra a Fig. 2.7.

ii) Quando a etiqueta no carro é lida pelo Leitor 1 no portão de entrada, o ecrã do O PC mostra "Bem-vindo" se o automóvel estiver registado, se o espaço para o respetivo tipo de veículo estiver disponível e se o saldo na conta for superior ao saldo mínimo para esse tipo de veículo. Se o veículo não estiver registado, aparece "Não registado", se o veículo não tiver o saldo mínimo, aparece "Saldo insuficiente", ou se o espaço para esse tipo de veículo não estiver vago, aparece "Espaço não disponível para duas rodas" ou "Espaço não disponível para quatro rodas".

iii) O lado esquerdo do ecrã apresenta uma barra de navegação ou uma faixa de menu que permite ao utilizador navegar na solução, clicando no botão pretendido. O botão "Sair", quando premido, encerra a solução.

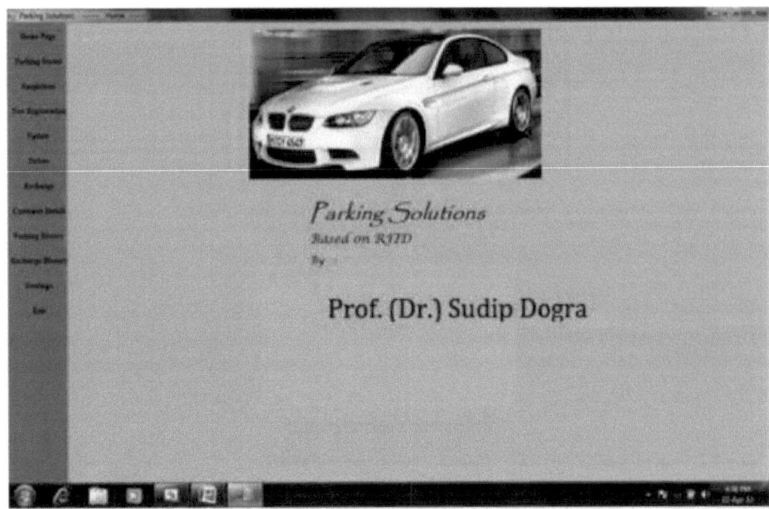

Fig.2.7: frmHomepage.vb[Design]

iv) Quando a etiqueta do automóvel é lida no ponto de saída pelo leitor 2, é apresentada uma caixa de mensagem com a mensagem "Saldo insuficiente" se o montante a deduzir for superior ao saldo existente na conta em relação à etiqueta lida. Caso contrário, a fatura é gerada pelo sistema. Se o cliente desejar a fatura, esta pode ser impressa premindo o botão "Imprimir fatura". A Fig. 2.8 mostra a fatura gerada pelo sistema.

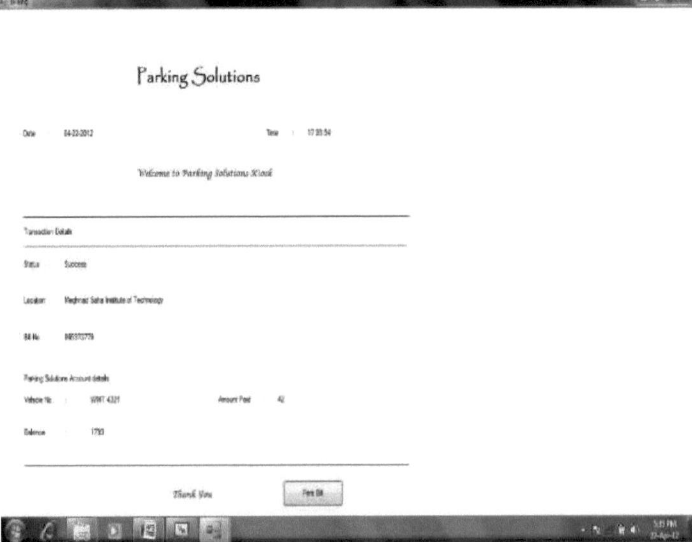

Fig. 2.8: frmExitBilling.vb[Design]

v) Ao clicar na ligação Estado do estacionamento, são apresentadas três opções: "Todos", "Duas rodas" e "Quatro rodas". Quando o botão "Todos" é premido, são apresentados todos os veículos atualmente estacionados no espaço de estacionamento, como mostra a Fig. 2.9.

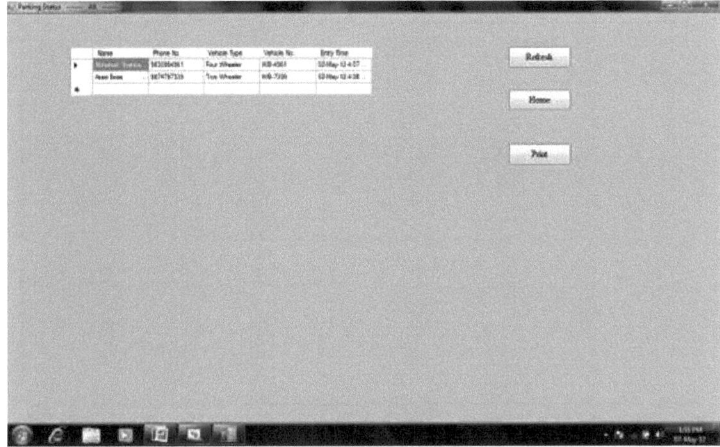

Fig. 2.9: frmPSAll.vb[Design]

vi) Quando o botão "Two Wheeler" é premido, é gerada uma consulta que mostra apenas os veículos de duas rodas que estão atualmente estacionados no parque de estacionamento. A Fig. 2.10 mostra o resultado numa vista de grelha de dados.

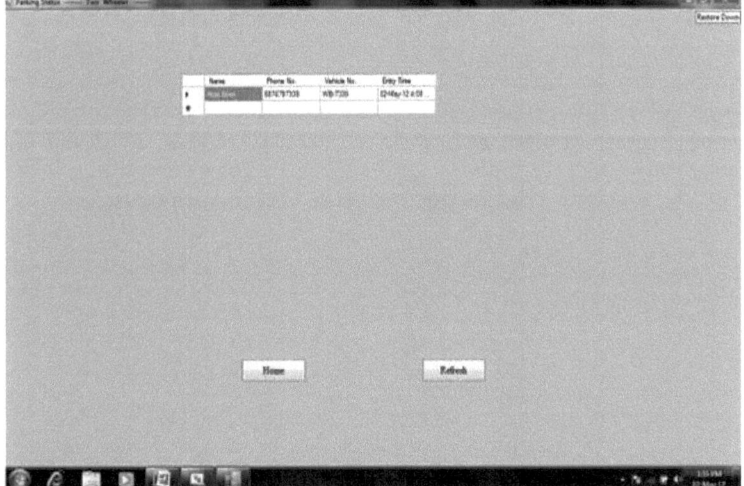

Fig. 2.10: frmPSTwoWheeler.vb[Design]

vii) Do mesmo modo, quando o botão "Quatro rodas" é premido, é apresentado o resultado pretendido, como mostra a Fig. 2.11.

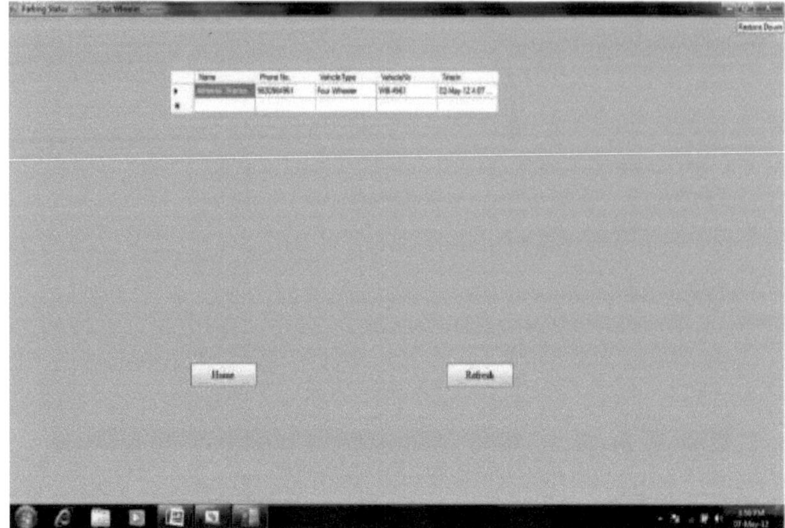

Fig. 2.11: frmPSFourWheeler.vb[Design]

viii) Para visualizar os veículos suspeitos, o utilizador deve clicar no botão Suspeito; por defeito, este apresenta o veículo suspeito entre os veículos atualmente estacionados. O parâmetro para encontrar o veículo suspeito é a comparação da hora de entrada com a hora do sistema. Se a diferença horária for superior a 6 horas, a solução apresenta os veículos correspondentes na lista de suspeitos. A outra opção que o utilizador pode exercer é pressionando o menu suspenso, que permite ao utilizador visualizar os veículos suspeitos anteriores, como mostra a Fig. 2.12.

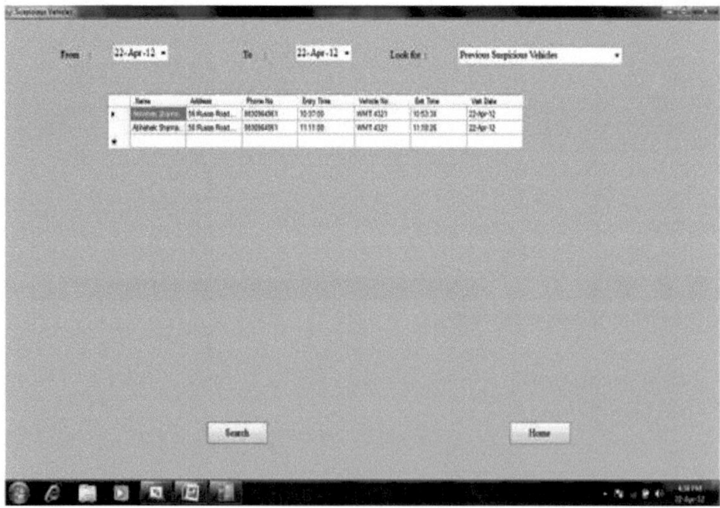

Fig. 2.12: frmSuspiciousList.vb[Design]

ix) Quando a etiqueta no automóvel é lida pelo leitor 3, no ponto de recarga/criação, aparece no PC o ecrã indicado na Fig. 2.13, se a opção Novo registo for clicado.

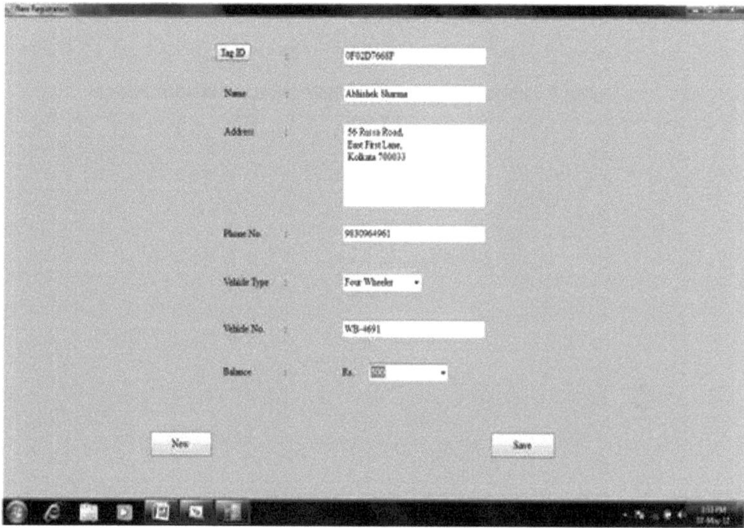

Fig. 2.13: frmNewRegistration.vb[Design]

x) Quando todas as entradas são efectuadas e o botão "Guardar" é premido, a nova entrada é inserida na base de dados de clientes. Em seguida, a fatura aparece no ecrã do PC e pode ser impressa clicando no botão "Imprimir fatura". O esquema da fatura é apresentado na Fig. 2.14.

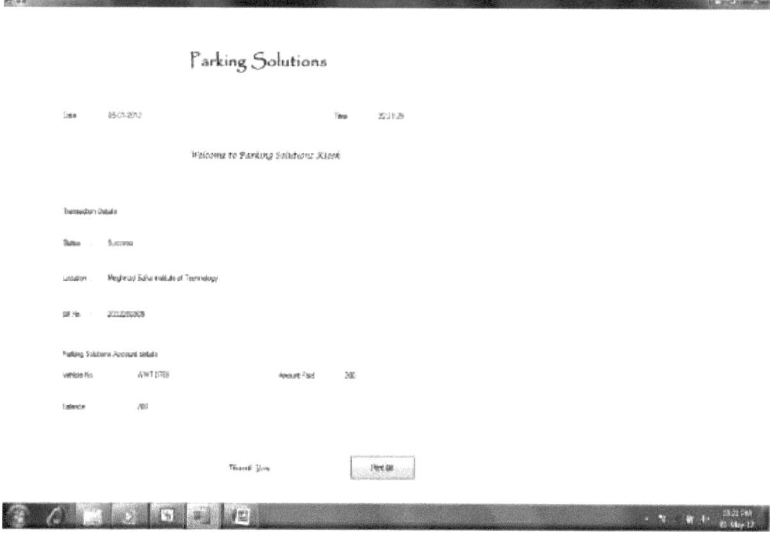

Fig. 2.14: frmNRBilling.vb[Design]

xi) A atualização dos registos relativos a um determinado cliente pode ser feita a partir do formulário de atualização, no lado esquerdo do ecrã, como se mostra na Fig. 2.15, que apresenta os dados do cliente tal como constam da base de dados. A etiqueta é lida pelo leitor 3.

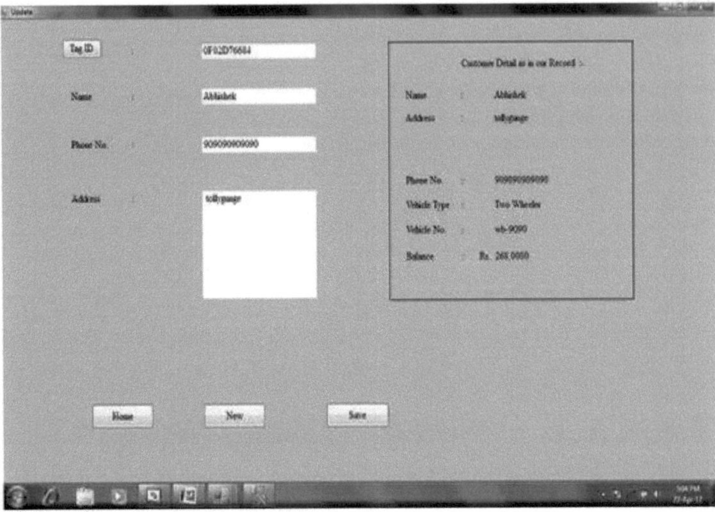

Fig. 2.15: frmUpdate.vb[Design]

xii) A eliminação do registo de um determinado cliente da base de dados pode ser feita a partir da opção Eliminar. Assim que a etiqueta é lida pelo Leitor 3, os dados correspondentes são apresentados no ecrã, como mostra a Fig. 2.16.

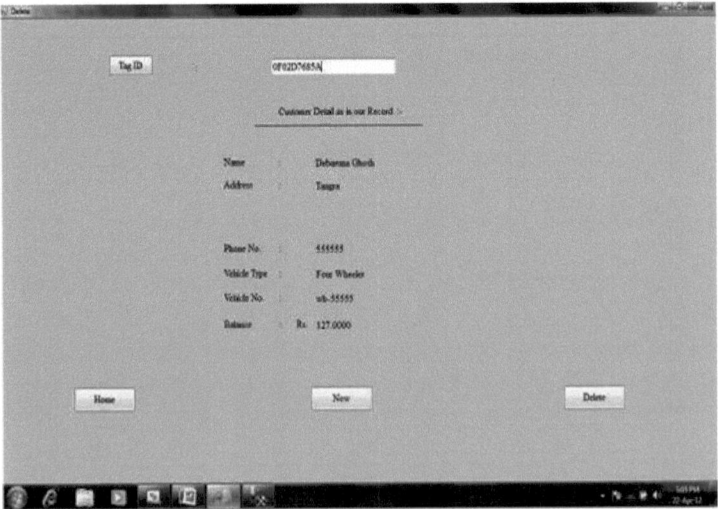

Fig. 2.16: frmDelete.vb[Design

xiii) Quando a etiqueta é lida pelo leitor 3 na janela de recarregamento, são apresentados os dados correspondentes do cliente ou então aparece "Not Registered" (não registado). A Fig. 2.17 mostra a janela de recarregamento.

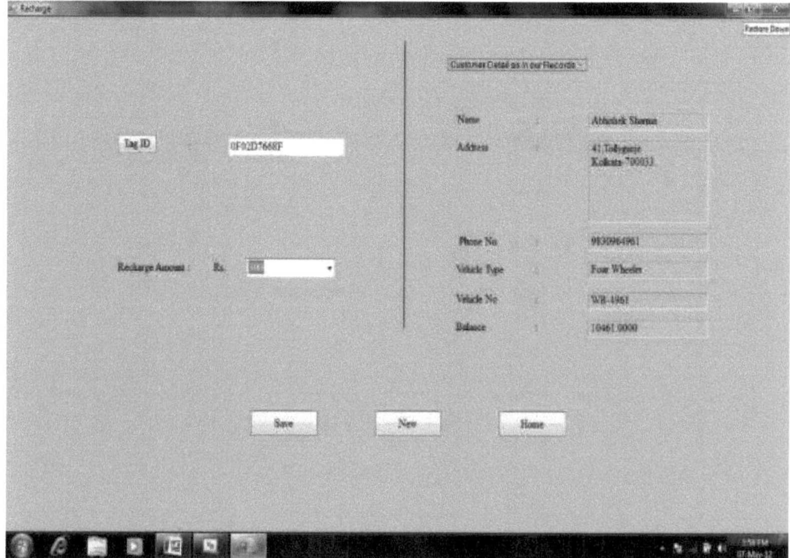

Fig. 2.17: frmRecharge.vb[Design]

xiv) Logo que se clica no botão "Guardar" na janela Recarga, é gerada uma fatura automática, como mostra a Fig. 2.18.

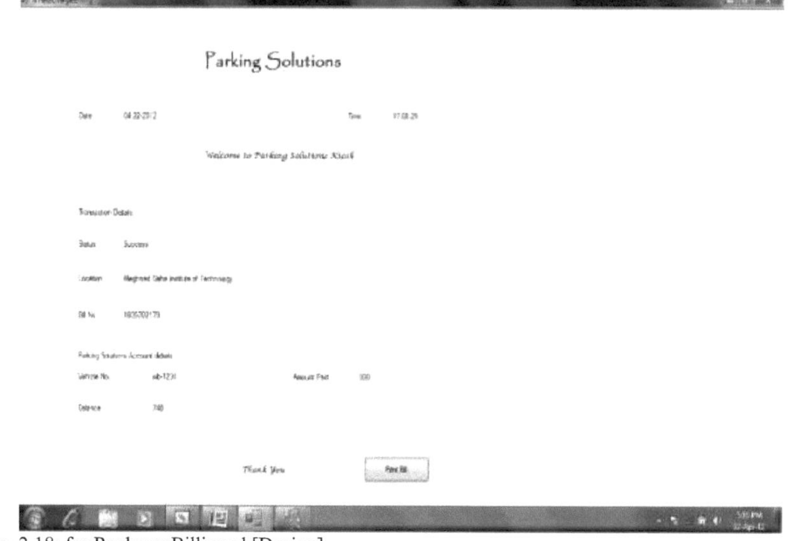

Fig. 2.18: frmRechargeBilling.vb[Design]

xv) Se o utilizador quiser ver os dados do cliente, pode fazê-lo de quatro formas. Em primeiro lugar, para uma visualização rápida, o utilizador pode selecionar o botão "Todos", que gera uma consulta para mostrar todos os clientes registados na solução, como mostra a Fig. 2.19. Em segundo lugar, se o utilizador selecionar a opção "Nome", é apresentada a janela correspondente ao nome, como na Fig. 2.20. Em terceiro lugar, o cliente pode ser localizado até pelo "Vehicle No. registado no seu nome (Fig. 2.21). Em quarto lugar, a pesquisa é efectuada pelo "Vehicle Type" (tipo de veículo). As janelas da Fig. 2.22 e da Fig. 2.23 são geradas em tempo de execução e apresentam os pormenores no formato de navegador vinculativo.

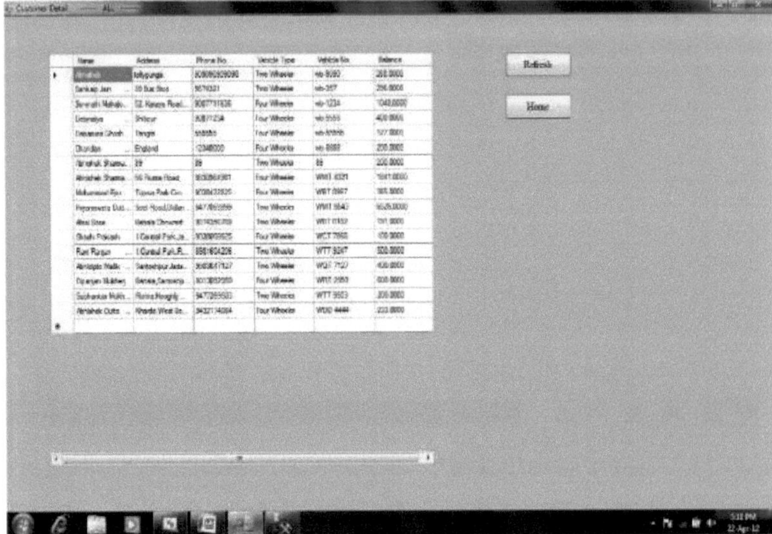

Fig. 2.19: frmCDAll.vb[Design]

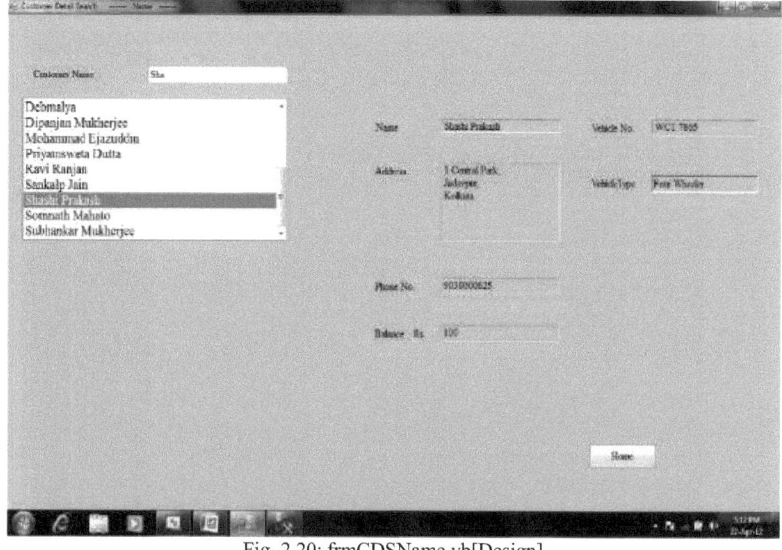

Fig. 2.20: frmCDSName.vb[Design]

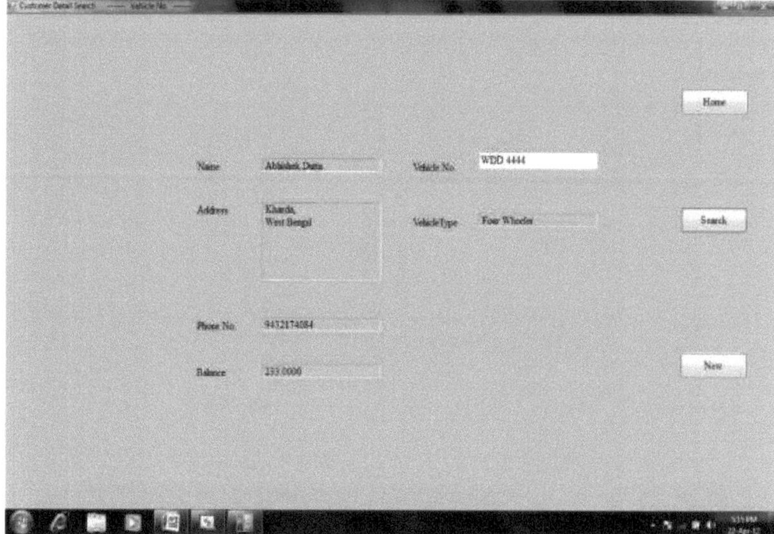

Fig. 2.21: frmCDSVehicleNo.vb[Design]

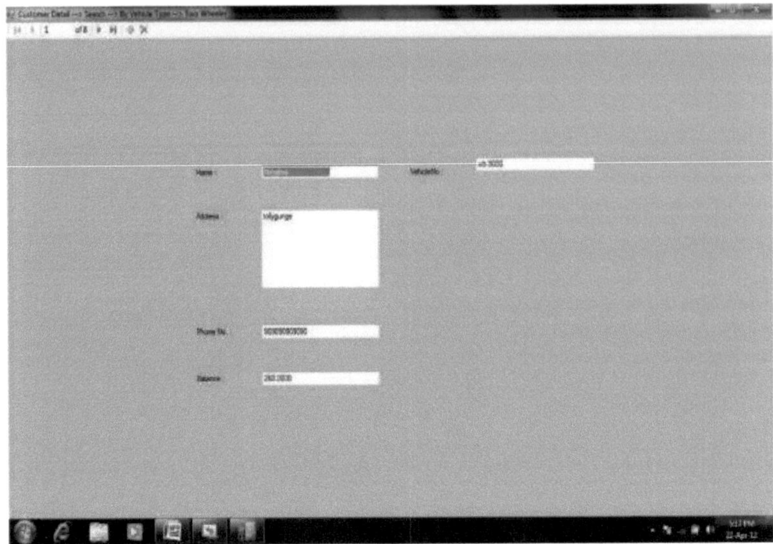
Fig. 2.22: frmCDSVTTwoWheeler.vb[Design]

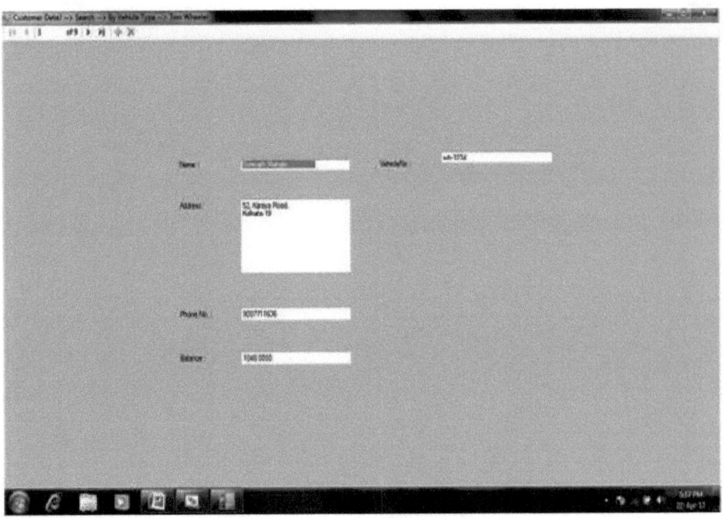
Fig. 2.23: frmCDSVTFourWheeler.vb[Design]

xvi) Os pormenores do estacionamento podem ser controlados não só por "data", mas também por "número do veículo" e "número da fatura", como se mostra na Fig. 2.24, Fig. 2.25 e Fig. 2.26.

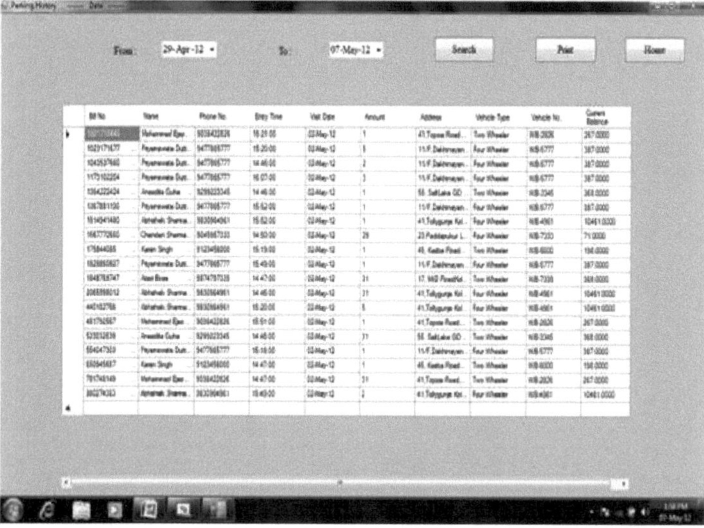

Fig. 2.24: frmPHDate.vb[Design]

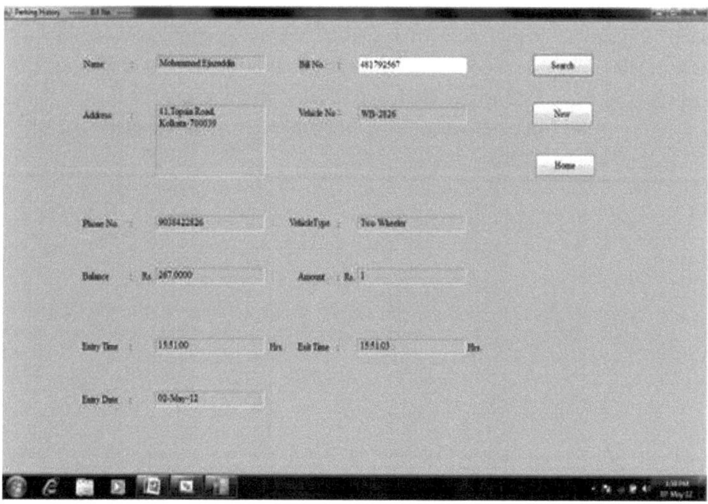

Fig. 2.25: frmPHBillNo.vb[Design]

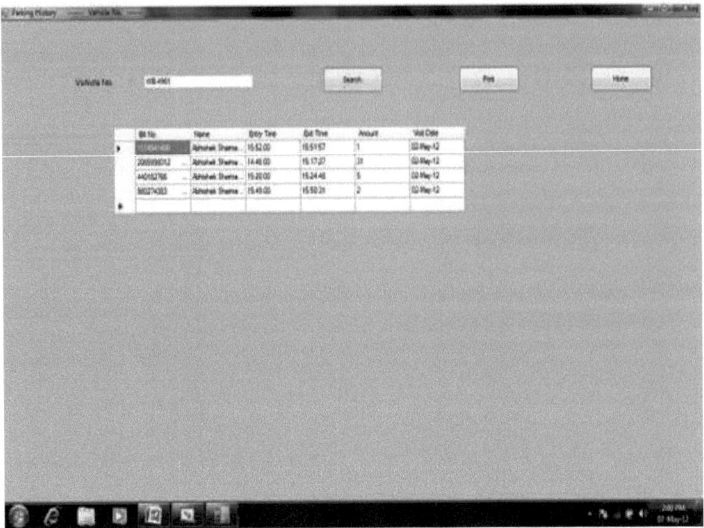

Fig. 2.26: frmPHVehicleNo.vb[Design]

xvii) Do mesmo modo, o historial de recargas pode ser consultado quer se trate de um determinado "Veículo n.º" ou por "número de fatura". Mesmo os carregamentos numa determinada "Data" podem ser encontrados utilizando a solução. As Fig. 2.27, Fig. 2.28 e Fig. 2.29 são as capturas de ecrã da secção "Reharge History" da solução.

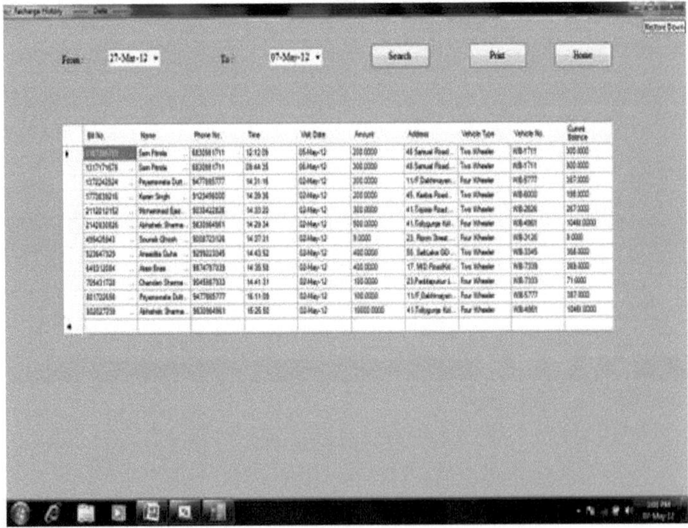

Fig. 2.27: frmRHDate.vb[Design]

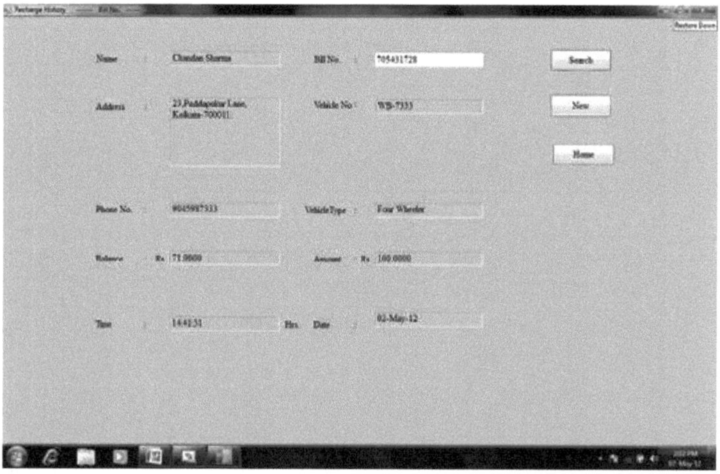

Fig. 2.28: frmRHBillNo.vb[Design]

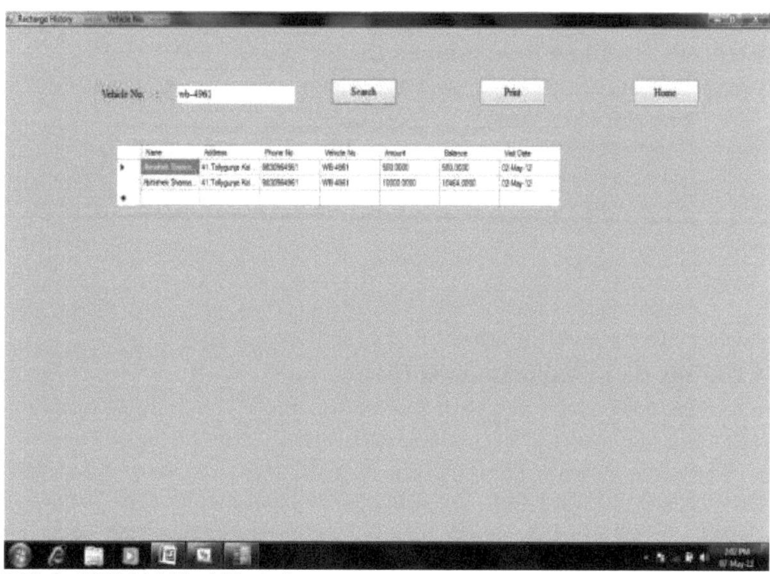

Fig. 2.29: frmRHVehicleNo.vb[Design]

xviii) Por último, a taxa para os tipos de veículos e o saldo mínimo para um determinado tipo de veículo podem ser controlados a partir da janela "Definições". Esta janela permite igualmente ao utilizador definir o número máximo de espaços disponíveis para os diferentes tipos de veículos. É através desta janela que o utilizador pode manipular diretamente a base de dados. Existem várias opções de "Reposição" à disposição do utilizador. A base de dados pode ser apagada de acordo com as opções exercidas pelo utilizador. Como os dados, uma vez apagados, não podem ser recuperados, o utilizador deve ter o máximo de precaução enquanto estiver na janela de definições (Fig. 2.30).

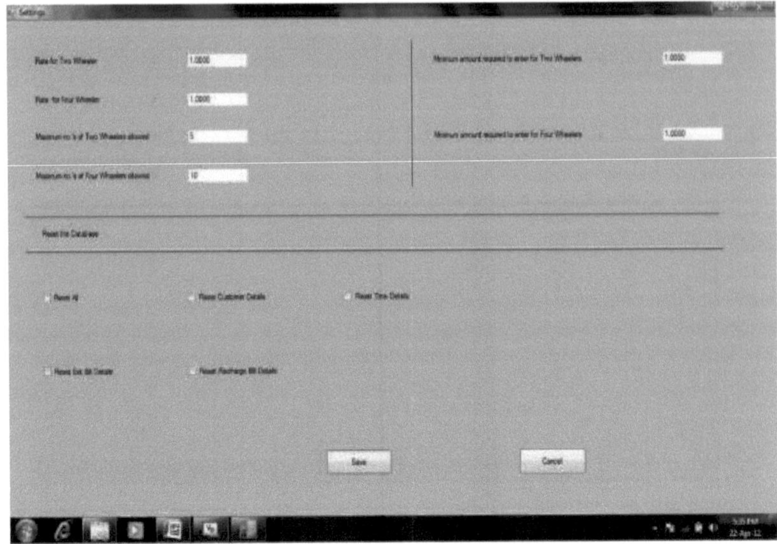

Fig. 2.30: frmSettings.vb[Design]

2.13 Requisitos para a instalação do software

Processador:	Processador Intel(R) Core(TM)2 CPU T5200 @1.60Ghz ou mais rápido recomendado
Memória:	1 gigabytes (GB) de RAM ou mais;
Disco rígido: instalação	Aproximadamente 15 GB de espaço disponível no disco rígido para a versão recomendada
Ecrã:	Adaptador de vídeo e monitor Super VGA (1.024x768) ou de resolução superior

Sistema operativo suportado : Windows XP com SP3, Vista e 7

2.14 Etapas da instalação do software

Passo 1: Instale o Microsoft Visual Basic Express 2010 ou o Microsoft Visual Studio 2010.

Passo 2: Clique no ficheiro de configuração para instalar o software com o Microsoft SQL Server 2008. Em 'Account Provision' (Provisão de conta), a palavra-passe deve ser introduzida como "9830964961p". As definições de configuração e os passos para a instalação do Microsoft SQL Server 2008 estão amplamente descritos na hiperligação Web: http://www.sqlserverclub.com/essentialguides/how-to-install-sql-server-2008-step-by-step-guide.aspx

Passo 3: Da mesma forma, instale o Microsoft SQL Server Management Studio 2008.

Passo 4: Após a instalação bem sucedida do Microsoft SQL Server 2008, os dois ficheiros 'ParkingSolutions.mdf' e 'ParkingSolutions_log' devem ser copiados para a localização -> C:\Program Files\Microsoft SQL Server\MSSQL10.MSSQLSERVER\MSSQL\DATA .

Passo 5: Após a cópia, abra o SQL Server Management Studio e ligue-se ao motor da base de dados.

Passo 6: Clique com o botão direito do rato em "Databases" (Bases de dados) e clique em "Attach" (Anexar).

Passo 7: Em seguida, clique no botão 'Add' e selecione o ficheiro 'C:\Program Files\Microsoft SQL Server\MSSQL10.MSSQLSERVER\MSSQL\DATA \ ParkingSolutions.mdf' e clique em 'OK'

Passo 8: Em seguida, clique na aplicação 'ParkingSolutions' 'ClickOnceApplication' para instalar o software Parking Solutions.

3.1 Outras aplicações do nosso sistema desenvolvido

O nosso sistema pode ainda ser melhorado através da sua integração com a Internet. O sistema pode ser facilmente integrado na Internet, convertendo os códigos ADO.NET em códigos ASP.NET. Ao ligar o sistema à Internet utilizando o protocolo TCP/IP, o nosso sistema tornar-se-á muito mais potente e um software totalmente equipado. Atualmente, o nosso sistema é um sistema "Fat Client" (cliente gordo) que, mais tarde, poderá ser convertido num sistema "Thin Client" (cliente magro). Consequentemente, os clientes podem verificar a disponibilidade dos lugares no parque de estacionamento a partir de qualquer ponto da cidade. Assim, os clientes podem deslocar-se sem problemas por toda a cidade. Os proprietários podem obter informações em direto sobre o estado dos seus quiosques de estacionamento. Tudo isto, por sua vez, ajuda a cidade a ter um trânsito menos caótico.

O nosso sistema também pode ser utilizado em colégios, escolas, hospitais, clubes, parques de diversões e escritórios com uma ligeira modificação nas tabelas da base de dados, para permitir a entrada autorizada. Assim, o sistema de segurança pode ser improvisado. Qualquer pessoa que permaneça para além de um determinado período de tempo pode ser facilmente localizada e uma possível ameaça terrorista pode ser evitada. Não é necessária a manutenção manual de livros de registo ou de registos. Por conseguinte, a entrada e a saída das instalações são fáceis e sem problemas.

3.2 Conclusões

Os benefícios do sistema de gestão do estacionamento proposto são específicos para as partes interessadas: condutores, operadores de parques e jurisdições. Os benefícios que os condutores podem usufruir são a redução de

O tempo gasto na procura de estacionamento e na colocação de veículos mesmo dentro de um parque de estacionamento, a redução da frustração, a compreensão prévia dos parques de estacionamento ociosos, o acesso fácil ao parque de estacionamento, o pagamento fácil, sem necessidade de baixar a janela, passar o cartão ou carregar no teclado, pode permanecer dentro de um veículo trancado e conduzir através de portões de saída sem paragens, o aumento do fluxo de tráfego durante as horas de ponta. Os operadores dos parques podem obter um aumento do número de utentes e da satisfação dos clientes, otimizar a utilização dos espaços, classificar e gerir os parques de estacionamento individuais e aumentar as receitas associadas, identificar a procura real, alterar as prioridades de forma dinâmica, cobrar de acordo com o parque de estacionamento individual, gerir os parques de estacionamento para deficientes, evitar o estacionamento indevido, gerir as necessidades sazonais com o aumento da densidade, aumentar o número de utentes e a satisfação dos clientes, cobrar automaticamente, fornecer um controlo de acesso seguro e analisar sistematicamente a utilização. A jurisdição pode gerir automaticamente os parques de estacionamento para deficientes e idosos, evitar o estacionamento indevido, reduzir o monopólio e permitir descentralizações, melhorar o fluxo de tráfego, reduzir a poluição sonora e atmosférica, ajudar a fazer cumprir as regras e regulamentos, reduzir o número de utentes que circulam pela rede de ruas à procura de um lugar de estacionamento e também o estacionamento ilegal nas ruas locais ou nas zonas de proibição de estacionamento.

Referências

1. Mastering Visual Basic .NET Database Programming - por Evangelos Petroutsos e Asli Bilgin.
2. BASIC Stamp Syntax and Reference Manual Version 2.2 - by Parallax Inc.
3. Beginning Microsoft Visual Basic 2010 - por Thearon Willis, Bryan Newsome.
4. Dominar o Visual Basic 2010 - por Evangelos Petroutsos.
5. Programação em Visual Basic 2010 - por Jim McKeown.
6. Visual Studio 2010 e .NET 4 Seis em Um - por Istvan Novak, Andras Velvart, Adam Granicz, Gyorgy Balassy, Attila Hajdrik, Mitchell Sellers, Gaston C Hillar, Agnes Molnar, Joydip Kanjilal.
7. RFID Um guia para a identificação por radiofrequência - por V. Daniel Hunt, Mike Puglia, Albert Puglia.
8. Manual RFID - por Klaus Finkenzeller.
9. Segurança RFID - por Paris Kitsos e Yan Zhang.
10. RFID for Dummies - por Patrick J. Sweeney II.
11. Database System Concepts - por Henry F. Korth e Silberschatz Abraham.
12. Fundamentals of Database Systems - por Elmasri Ramez e Novathe Shamkant.

Capítulo IV

Aplicação 2

Conceção e desenvolvimento de um sistema baseado em RFID para controlar o acesso seletivo seguro a electrodomésticos e à entrada de casa

4.1 INTRODUÇÃO

Nesta era de crise energética, o preço da eletricidade é extremamente elevado e aumenta rapidamente de dia para dia. Vários aparelhos domésticos, como os aparelhos de ar condicionado, os fornos de micro-ondas e os aquecedores de água eléctricos, consomem uma maior quantidade de energia em comparação com os aparelhos normais, como as lâmpadas fluorescentes, a ventoinha de teto, etc. Por isso, a maioria das pessoas prefere utilizar estes aparelhos de elevado consumo de energia apenas quando é absolutamente necessário. No entanto, há situações em que as crianças que vivem em casa ligam estes aparelhos por engano quando mais ninguém está presente na casa, os empregados que trabalham numa casa ligam frequentemente o ar condicionado assim que o patrão sai ou o condutor de um carro com ar condicionado faz o mesmo quando o carro está estacionado, o que resulta num consumo desnecessário de eletricidade. O principal objetivo deste projeto é evitar que isso aconteça e permitir que apenas as pessoas autorizadas a utilizar os aparelhos de alta potência o façam. Uma pessoa autorizada receberia etiquetas especiais com identidade de radiofrequência (RFID) e cada aparelho receberia um leitor. Quando a etiqueta é colocada perto do leitor, o aparelho liga-se. Assim, só a pessoa que estiver na posse da etiqueta poderá ou estará autorizada a acionar o aparelho. Além disso, uma vez que os aparelhos são ligados por etiquetas RFID, não há necessidade de qualquer interrutor manual que normalmente temos em casa.

4.2 : DESCRIÇÃO DO SISTEMA

No sistema concebido, os aparelhos domésticos (como o ar condicionado, o géiser, o computador, o cinema em casa, etc.) são ligados ou desligados com a ajuda de um circuito de relés. O circuito de relés é acionado pela saída de uma unidade de microcontrolador BASIC STAMP. O microcontrolador STAMP toma a decisão através da deteção da etiqueta RFID colocada nas proximidades do leitor RFID. A identificação da etiqueta detectada é comparada com a identificação da etiqueta disponível e com as identificações válidas do sistema. De acordo com a etiqueta, um dispositivo é ligado ou desligado. A figura 4.1 é o diagrama de blocos do sistema.

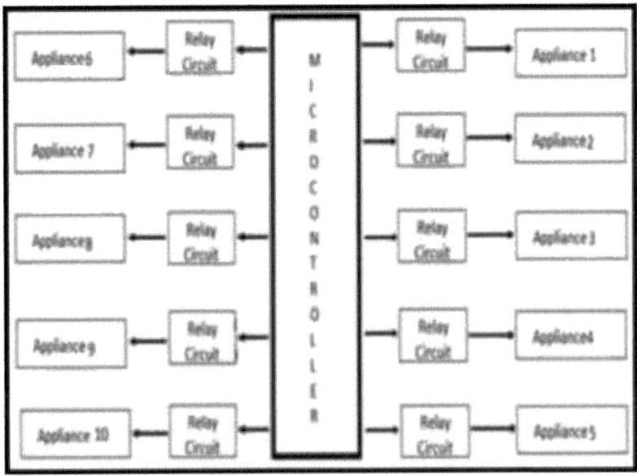

Fig. 4.1: Diagrama de blocos do sistema

IMPLEMENTAÇÃO

O sistema completo pode ser dividido nos seguintes subsistemas:

1. Fonte de alimentação
2. Circuito de comutação com relé
3. Sistema RFID
4. Microcontroladores

A. FONTE DE ALIMENTAÇÃO:

A fonte de alimentação é utilizada neste sistema para fornecer duas saídas estáveis de 5V e 12V. O transformador abaixador na fonte de alimentação recebe 230V ac como entrada e fornece 24V ac pico a pico como saída. É implementado um circuito retificador em ponte para obter um sinal dc a partir de um sinal ac. A saída do retificador em ponte é um sinal dc pulsante. Para remover as ondulações do sinal dc, é utilizado um condensador de 2200uF. O regulador de tensão IC é utilizado para obter uma tensão constante para acionar o circuito do relé. O regulador IC 7805 dá uma saída estável de 5V dc e o regulador IC 7812 dá uma saída estável de 12V dc.

O diagrama do circuito da fonte de alimentação é apresentado a seguir (Fig. 2).

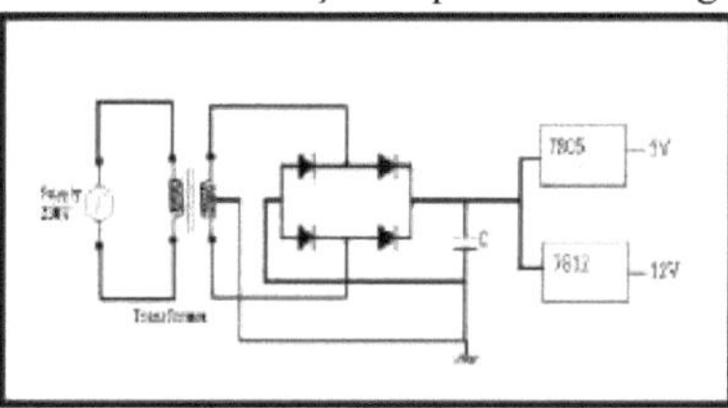

Figura 4.2: Diagrama do circuito da fonte de alimentação

4.3 CIRCUITO DE COMUTAÇÃO COM RELÉ:

É implementado um circuito de comutação utilizando um transístor, um díodo e dois relés para ligar e desligar os aparelhos. A operação de comutação é efectuada em função da saída da unidade de microcontrolador.

O transístor trabalha na região ativa e actua como um amplificador de corrente neste circuito. A saída do microprocessador é aplicada à base do transístor. Dependendo da saída do microprocessador, o transístor trabalha na região ativa ou na região de corte. O transístor está na região ativa ou na região de corte quando a entrada na base é de 5V e 0V, respetivamente. O terminal emissor do transístor está ligado a um dos terminais da bobina de um relé de 6V através de um díodo. Quando uma entrada de 5V é aplicada à base do transístor a partir de um terminal de saída do microcontrolador, o relé é comutado do terminal NC (normalmente ligado) para o terminal NO (normalmente aberto).

Um dos terminais da bobina do relé de 6V está ligado ao terminal emissor do transístor e o outro à terra. O terminal "comum" desse relé é ligado a 12V da fonte de alimentação e o terminal NO é ligado a um dos terminais da bobina do relé de potência de 12V. O outro terminal da bobina do relé de 12V está ligado à terra. Assim que a saída do controlador Stamp se torna alta, a tensão na base do torna-se alta. Assim, a tensão do emissor fica alta e o terminal NO do relé de 6V é ligado ao terminal "comum". Devido a isso, uma diferença de potencial de 12V é aplicada através da bobina do relé de 12V. O terminal "comum" e o terminal NA do relé de potência ficam ligados. Como é aplicada uma alimentação de 230V

CA ao terminal "comum", esta passa através do terminal NO para o aparelho ligado. O diagrama do circuito de comutação do relé é apresentado na figura 3.

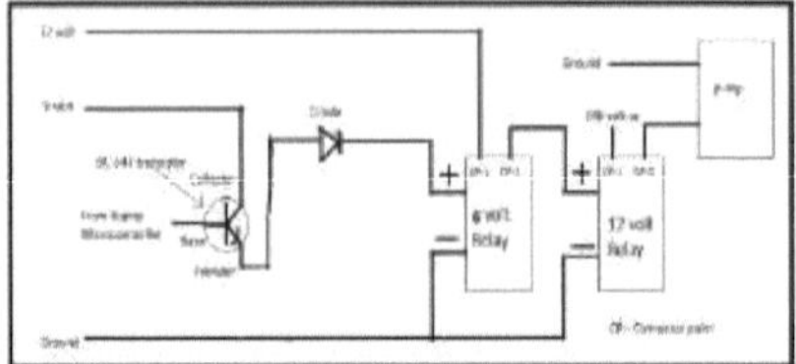

Figura 4.3: Diagrama do circuito de comutação do relé

4.4 : SISTEMA RFID:

A RFID ou identificação por radiofrequência é uma tecnologia que utiliza ondas de radiofrequência para identificar uma pessoa ou um objeto. Existem vários métodos para identificar uma pessoa ou um objeto

objeto. Mas o RFID pode identificar com um grau de precisão muito mais elevado. É por isso que pode ser utilizado para fins de segurança. Um dos métodos mais comuns para identificar um objeto de forma exclusiva consiste em armazenar um número de série ou outras informações num chip e ligar o chip a uma antena. O chip e a antena em conjunto designam-se por etiqueta RFID ou transponder RFID. O chip armazena a identificação e a antena permite-lhe transmitir a identificação ao leitor RFID. O leitor converte a onda de rádio transmitida pela etiqueta em informação digital que é transmitida a um computador anfitrião para armazenar ou recuperar qualquer informação da base de dados.

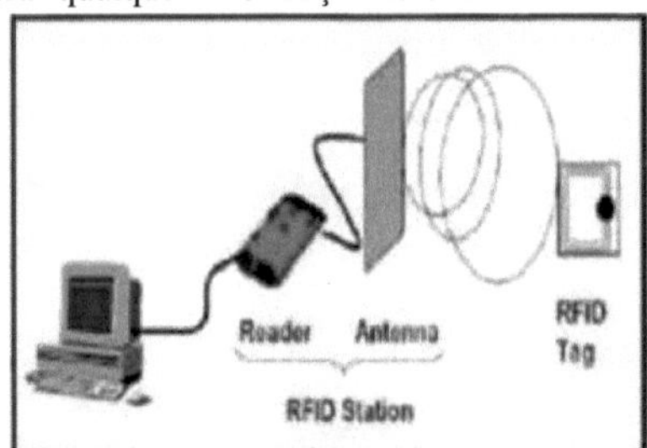

Fig. 4.4. Sistema RFID básico

Qualquer sistema RFID convencional é constituído por três componentes básicos, juntamente com um computador anfitrião.

Esses três componentes são: **i) Etiqueta RFID:**

O transponder ou etiqueta RFID é capaz de armazenar dados. A função da etiqueta difere consoante a gama de frequências de funcionamento da antena. As etiquetas também podem

ser agrupadas consoante a presença de uma fonte de alimentação própria.
Uma etiqueta funciona geralmente em qualquer uma de três gamas de frequência. São elas o funcionamento a baixa frequência (LF), o funcionamento a alta frequência (HF) e o funcionamento a ultra-alta frequência (UHF). Existem várias organizações que definem normas para a RFID, incluindo a Organização Internacional de Normalização (ISO), a Comissão Eletrotécnica Internacional (IEC) e a EPC global. As etiquetas de baixa frequência utilizam a banda de frequência de 125 KHz a 134,2 KHz e de 140 KHz a 148,5 KHz. As etiquetas de alta frequência utilizam a banda de frequência de 13,56 MHz. Estes dois tipos de etiquetas podem ser utilizados em todo o mundo sem licença. Um número de identificação único é armazenado no chip. Estes dados podem ser ligados a qualquer base de dados. Existem bobinas de acoplamento indutivo para estas duas frequências nos transponders para serem utilizadas no campo próximo da antena.
As etiquetas de frequência ultra-alta utilizam a banda de frequência de 868 MHz a 928 MHz. Estas etiquetas não podem ser utilizadas globalmente porque os diferentes países estabelecem as suas próprias regras para a atribuição de frequências. Na gama UHF, o transponder tem um Código Eletrónico de Produto ou área de armazenamento EPC que pode ser programado pelo cliente.
Uma alteração da impedância na antena do transponder resulta em retrodifusão. A transferência de dados entre a etiqueta e o leitor ocorre devido à retrodifusão e não por meio da indutância.
A caraterística distintiva mais comum dos transponders é a presença de uma fonte de alimentação. Estão disponíveis etiquetas activas e passivas.
Os transponders passivos não têm uma fonte de alimentação própria. Obtêm energia através da formação de um campo indutivo a partir do sinal de rádio do leitor. Devido à ausência de fonte de energia, podem ser detectados a uma distância menor, mas permitem uma conceção mais pequena e mais leve. Não necessitam de manutenção e são muito baratos. São utilizados principalmente para efeitos de autenticação. Um transponder passivo tem uma capacidade de armazenamento de cerca de 10 Kbytes.
Os transponders activos têm uma bateria incorporada para fornecer energia e, por conseguinte, podem transmitir sinais por si próprios para a transferência de dados. Devido à presença de uma fonte de alimentação integrada, são mais caros do que as etiquetas passivas, mas têm um alcance de leitura mais alargado, até 100 m. São utilizados principalmente para identificar um objeto a longa distância.
Consoante o objetivo, são utilizados transpondedores de vários tipos, formas e desenhos. Os tipos mais comuns de etiquetas são: (i) versão "só de leitura" e (ii) versão "leitura/escrita". As versões "só de leitura" só podem ser lidas, enquanto as versões "leitura/escrita" podem suportar operações de leitura e de escrita no transponder.
Fig 4.5:Etiquetas RFID

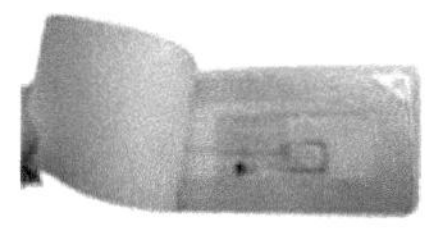

ii) Antena RFID:

Uma antena RFID é constituída por uma bobina com um ou mais enrolamentos e uma rede de correspondência. É capaz de irradiar ondas electromagnéticas. Um sistema RFID é concebido de forma a que o campo eletromagnético seja constantemente gerado ou ativado pelo leitor. A antena RFID também é capaz de receber o sinal de radiofrequência do transponder.
Dependendo da utilização, as antenas são de diferentes tamanhos e modelos. Dependendo do alcance necessário para a leitura e escrita, o sistema é variado. Em geral, são utilizadas antenas lineares e de laço. Para um maior alcance de leitura, podem ser colocadas mais do que uma antena numa unidade de leitura. Nesta tecnologia, as antenas podem ser diferentes em termos de configuração e de modo de funcionamento.
A antena RFID é utilizada para funcionar em três regiões de frequência diferentes:
Gama de baixas frequências (LF): Esta gama designa o intervalo de 125 KHz a 134,2 KHz. A antena é composta por um número definido de enrolamentos de fio para obter uma quantidade definida de indutância na antena. Existem dois tipos de antenas: a antena de quadro e a antena de haste. A antena de quadro é feita de bobinas de ar e as antenas de haste são feitas de bobina com núcleo de ferrite. Num sistema RFID completo, o acoplamento indutivo é utilizado para funcionar num campo magnético próximo.
Gama de alta frequência (HF): Esta gama designa a gama de 13,56 MHz. Na gama HF, a antena é composta por um número definido de enrolamentos de fio e a frequência da antena é sintonizada por um quadro de sintonização ligado. A antena deve ter uma área tão grande quanto possível, porque na gama de alta frequência, devido à profundidade da pele, a onda espalha-se na superfície do condutor e mais corrente pode fluir através de uma área maior. Um maior fluxo de corrente aumentará o ganho da antena e, consequentemente, o seu desempenho. Num sistema RFID completo, o acoplamento indutivo é utilizado para funcionar num campo magnético próximo.
Gama de frequências ultra-altas (UHF): Nesta gama de frequências, são normalmente utilizados dois tipos de antenas: a antena dipolo e a antena patch. A antena dipolo é composta por dois pólos. Por outro lado, a antena de remendo é uma superfície metálica que deve ter um comprimento de borda definido. A superfície da antena de remendo actua como um ressonador. Esta gama de frequências é capaz de ler etiquetas num campo distante.

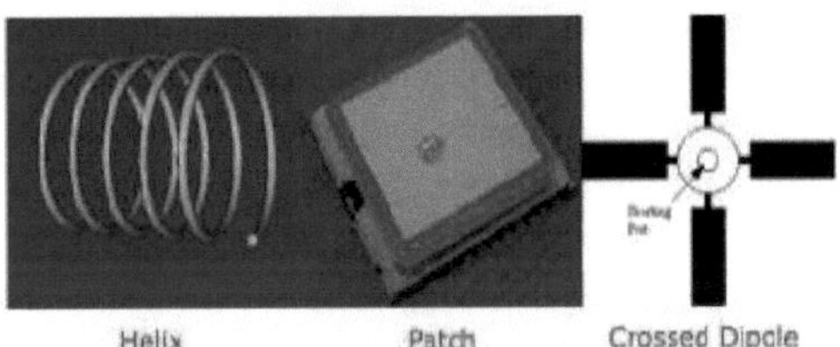

Fig. 4.6. Vários tipos de antenas RFID

iii) Leitor RFID:

O leitor RFID é utilizado para descodificar as ondas de rádio que são transmitidas pela etiqueta e para obter dados digitais da mesma. Dependendo da frequência utilizada, o alcance do leitor varia e, por conseguinte, o desempenho varia. Um leitor RFID pode detetar os tags que se encontram a uma distância de um centímetro a trinta metros ou mais. Esta região é coberta pela onda electromagnética de um leitor. Se um transponder entrar nessa região, o leitor detecta os dados armazenados no chip do transponder e comunica com a base de dados do computador anfitrião.

A maioria destes dispositivos pode ler e escrever na etiqueta. Isto torna a comunicação de dados uma transferência de dados bidirecional. É por isso que é um dos principais componentes do sistema. É responsável pela ativação de qualquer etiqueta passiva e pelo início da comunicação de dados.

Os leitores RFID distinguem-se pelas suas caraterísticas. Os dois principais tipos são:

(i) Dispositivo fixo: Os dispositivos fixos são fabricados para serem incorporados firmemente num sistema. Na prática, são os mais utilizados. A antena é ligada através de uma interface. Os dados detectados são enviados para o computador anfitrião utilizando uma interface normalizada como RS232, Universal Serial Bus (USB) e Ethernet.

(ii) Dispositivo móvel: Os leitores móveis são utilizados para detetar dados de vários objectos. São mais compactos do que o seu equivalente fixo. Neste tipo de leitores, a antena está diretamente ligada ao aparelho ou incorporada no mesmo. A transferência de dados para a base de dados do anfitrião é geralmente efectuada utilizando normas de rede sem fios como a WLAN.

Fig. 4.7. Leitor portátil RFID

D**. Computador anfitrião:**

Quando o transponder ou etiqueta RFID é detectado pelo leitor e este capta a identificação da etiqueta, todos os leitores comunicam com um computador anfitrião. O computador anfitrião é utilizado para registar todos os dados recolhidos e para atualizar continuamente a base de dados.

Fig 8: Computador anfitrião RFID

É possível a comunicação sem fios entre o leitor RFID e o computador anfitrião. Podem estar separados até 1000 pés, o que reduz a complexidade do sistema. O sistema pode utilizar uma única base de dados e pode ser utilizado para fins de segurança. Com a ajuda do computador anfitrião, um sistema pode ser capaz de tratar dados em tempo real, bem como ser incorporado num sistema maior.

Vantagens:

São muitas as vantagens de um sistema RFID. Algumas delas são:

- Utilizando ondas de rádio, um leitor pode aceder a dados de várias etiquetas ao mesmo tempo.

- O leitor é capaz de ler e escrever em etiquetas RFID sem ter qualquer contacto físico.
- A etiqueta e o leitor não precisam de ter qualquer linha de visão (LOS) para funcionarem corretamente.
- As etiquetas RFID podem ser incorporadas noutros subsistemas para formar um sistema complexo.
- As etiquetas RFID modernas podem ter um espaço de memória até 16-64 Kbytes para armazenar dados.
- A RFID não tem custos de manutenção. Pode ser utilizado eficazmente durante mais de 10 anos.
- O tempo necessário para ler ou escrever uma etiqueta é muito reduzido, da ordem de alguns milissegundos.
- O sistema RFID pode ser ligado a qualquer rede, pelo que pode ser utilizado para localizar um objeto.

4.5 : MICROCONTROLADOR:

O BASIC Stamp é um microcontrolador que possui um pequeno interpretador BASIC especializado (PBASIC) que está integrado em ROM. Embora o BASIC Stamp tenha a forma de um chip DIP, é de facto uma pequena placa de circuito impresso (PCB) que contém os elementos essenciais de um sistema de microprocessador:

- Um microcontrolador que contém uma unidade central de processamento, uma ROM incorporada que contém o interpretador PBASIC e vários outros periféricos.
- Memória (I^2 C EEPROM)
- Um relógio, normalmente um ressonador de cerâmica
- Alimentação eléctrica
- Portas externas de entrada e saída

Uma bateria de 9 V ou uma fonte de alimentação é ligada a um carimbo BASIC para constituir um sistema completo. Uma ligação a um computador pessoal permite ao programador descarregar o software para o BASIC Stamp, que é armazenado no dispositivo de memória não volátil integrado: permanece programado até ser apagado ou reprogramado, mesmo quando a alimentação é desligada.

O carimbo BASIC é programado numa variante da linguagem BASIC, denominada PBASIC. O PBASIC incorpora funções comuns de microcontrolador, incluindo PWM, comunicações em série, comunicações I2C e 1-Wire, comunicações com circuitos comuns de controlo de LCD, trens de impulsos de servo passatempo, frequências de onda pseudo-senoidal e a capacidade de cronometrar um circuito RC que pode ser utilizado para detetar um valor analógico.

Depois de um programa ter sido escrito no 'Stamp Editor', um ambiente de desenvolvimento integrado (IDE) no Windows, a sintaxe pode ser verificada, tokenizada e enviada para o chip através de um cabo série/USB, onde será executada.

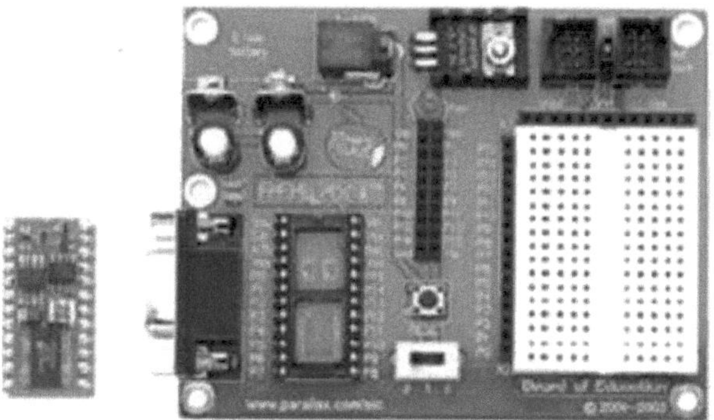

Figura 4.8: Processador de carimbos

Lista de componentes:

Para a implementação deste sistema, são implementados uma fonte de alimentação e circuitos de comutação. A tabela abaixo mostra os componentes necessários com especificação e quantidade para a implementação do hardware do sistema.

Sl. Não.	Nome	Especificação	Quantidade
1	Transformador	CT 12-0-12 , 1A	1
2	Díodo	1N4007	4+2
3	Condensador	2200 uF	1
4	Reguladores de tensão	7805,7812	1, 1
5	Transístor	BC547, n-p- n	
6	Relé	6 V	
7	Relé de potência	12 V	
8	Etiqueta RFID		10
9	Leitor RFID	125 KHz	1
10	Microcontrolador BASIC Stamp	Bs2e	1

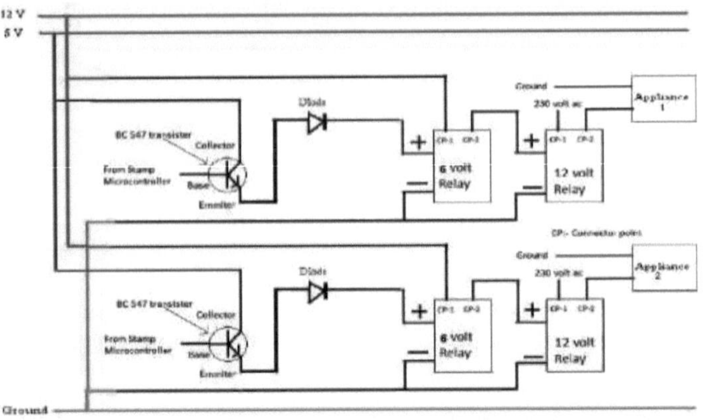

Fig 4.9: Diagrama de blocos do sistema proposto

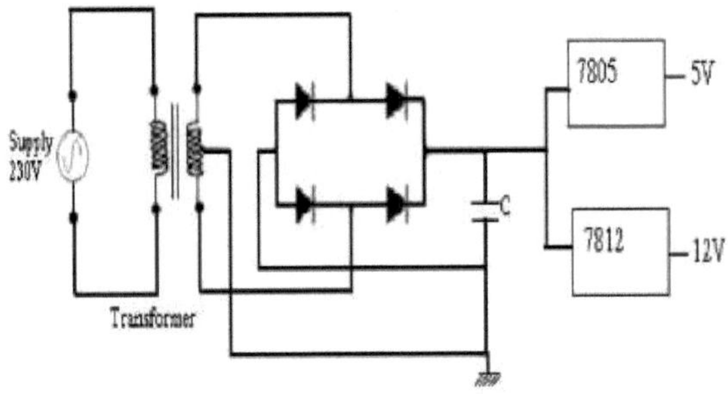

Fig : 4.10 Diagrama de blocos da fonte de alimentação

4.6 : ETAPAS DE FUNCIONAMENTO:

O algoritmo e o fluxograma seguintes exprimem as etapas de funcionamento do sistema.

A. ALGORITMO:

1. O leitor RFID lê o ID da etiqueta do cartão RFID que é colocado muito próximo do leitor.
2. A identificação da etiqueta é comparada com as identificações armazenadas, quer a identificação seja guardada ou não. Se o identificador for desconhecido do microcontrolador, o LCD apresenta a mensagem "INVALID CARD PLACED" (cartão inválido colocado) e toca o sinal sonoro numa frequência e durante um período definidos.
3. Se a identificação estiver guardada na memória do microcontrolador, este procura a tarefa que deve ser executada em conformidade. Verifica o sinalizador correspondente ao cartão para se certificar de que o dispositivo está "ligado" ou "desligado".
4. Se o dispositivo estiver "OFF" (desligado), o microcontrolador envia um sinal que liga o dispositivo. Mas se o dispositivo estiver "ON" (ligado), o microcontrolador envia o sinal para

o desligar. Assim, o cartão RFID e a combinação de leitura actuam como um interrutor rotativo para qualquer dispositivo. Depois de alterar o estado do aparelho, aparece o NOME DO APARELHO JUNTO COM O ESTADO ACTUAL.

Esta combinação RFID tag - leitor não só torna redundante o uso de interruptores convencionais como ajuda a erradicar o uso não autorizado de energia, uma vez que o dispositivo só pode ser ligado se o cartão correto for colocado perto do leitor. De cada vez, mais do que um dispositivo pode ser controlado usando apenas um microcontrolador, razão pela qual também é económico.

4.7 : GRÁFICO DE FLUXO:

O diagrama abaixo é o fluxograma que mostra o princípio de funcionamento do sistema proposto Fig 4.11 :

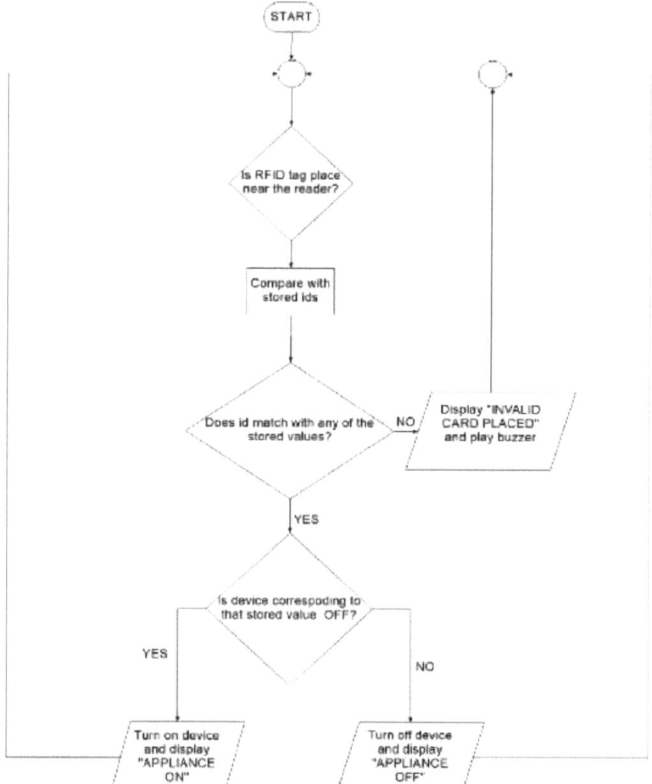

SISTEMA EM CONDIÇÕES DE FUNCIONAMENTO:

Sistema implementado

Fig 4.12 : Sistema em condições de funcionamento

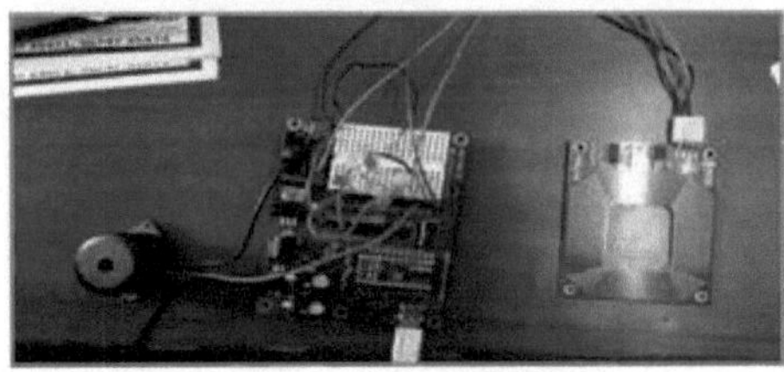

Fig 4.13: Sistema desenvolvido

Fig. 4.14: Ecrã nesse estado

4.8 : VANTAGENS:

1. Tornará redundantes os interruptores convencionais. Uma vez que os aparelhos são ligados por etiquetas RFID, não haverá necessidade de interruptores mecânicos em casa.
2. Permite controlar o funcionamento de um aparelho utilizando um identificador único. Assim, a pessoa que tiver um cartão com esse identificador específico será a única que poderá utilizar esse aparelho.
3. É possível controlar mais do que um dispositivo utilizando apenas um leitor RFID e um microcontrolador. Assim, para esta técnica de comutação, o custo por dispositivo reduz-se drasticamente.

Para o sistema, entre os 16 pinos do microcontrolador, um seria ligado ao leitor RFID, outro à campainha e os restantes 14 pinos podem ser utilizados para acionar 14 dispositivos.

4. O custo do sistema está ao alcance das pessoas comuns

4.9 : REFERÊNCIAS

[1] www.parallax.com

[2] www.google.com

[3] Materiais fornecidos com o kit de microcontrolador STAMP e o módulo leitor RFID.

Printed by Books on Demand GmbH, Norderstedt / Germany